U0900322

高等代数选讲

主　编：赵育林　唐　亮　张海湘
副主编：杨雪花　李世霖　刘　斌

中南大学出版社
www.csupress.com.cn
·长 沙·

内 容 简 介

本书不仅简述了张和瑞先生编著《高等代数》(高等教育出版社)的基本概念和基本结论，还归纳了其他出版社出版的《高等代数》中的一些常用结论和方法。全书共分8章，内容包括多项式、行列式、线性方程组、矩阵、向量空间、线性变换、欧氏空间、二次型，每章包括基本概念和重要结论、典型例题选讲和同步练习三部分内容。本书力求通过介绍一些经典的常见类型题目的解题方法，完善读者对一些问题的理解和掌握解决此类问题的方法和技巧。同步练习题多数选自湖南几所高校“高等代数”的研究生入学考试题。

本书可作为高等院校数学类专业硕士研究生入学考试教材或复习参考书，也可以作为数学类专业学生的专业选修课教材，同时还可作为其他理工科专业学生学习“高等代数”或“线性代数”的参考书。

前　言

高等代数是高等院校数学类专业三大必修专业基础课程之一，它具有高度的抽象性、严密的逻辑性和广泛的应用性，是后续课程如常微分方程、泛函分析、近世代数等的先修课，也是数学及相关专业硕士研究生入学考试的必考课程之一。由于该课程的概念、性质、定理多而繁杂，且多数很抽象，初学者普遍感到难以理解和接受，再加上学时的限制，一些重要内容在高等代数课程中未深入探究或讲授，因此需要继续开设高等代数选讲课程以帮助学生更系统、更扎实地掌握该课程的基本理论知识和典型问题的求解方法，增强学生的抽象思维能力、逻辑推理能力以及灵活运用知识分析和解决问题的能力，从而有效提升学生的数学素养，也为学生后续专业课程的学习及考研提供帮助。

本教材共分8章，内容包括多项式、行列式、线性方程组、矩阵、向量空间、线性变换、欧氏空间、二次型，每章包括基本概念和重要结论、典型例题选讲和同步练习三部分内容。本教材在编写时，融合了编者多年的高等代数教学心得和对数学专业"高等代数"考研课程辅导经验，不求面面俱到，而是力求对基本概念和常用结论及方法进行阐述，并通过介绍一些经典的常见类型题目的解题方法，完善读者对一些典型问题的理解和掌握解决此类问题的方法和技巧。本教材的同步练习题多数选自中南大学、湖南大学、湖南师范大学等高校"高等代数"的研究生入学考试题。

本书可作为数学类专业硕士研究生入学考试教材或复习参考书，也可以作为数学类专业学生的专业选修课教材，同时还可作为其他理工科专业学生学习"高等代数"或"线性代数"的参考书。

本书由赵育林、唐亮和张海湘担任主编，杨雪花、李世霖和刘斌担任副主编，参加资料整理的还有研究生余阳、盛思佳、何雅晴、吴丽娇、王芙蓉、刘艳玲、张学友等，全书由赵育林统稿并定稿。

本教材的出版得到"湖南工业大学数学与应用数学国家级一流本科专业建设点专项经费"的资助，在此表示感谢。

由于编者水平有限，书中难免存在不足和疏漏之处，恳请读者批评指正。

编　者

2021年5月于株洲

目 录

第 1 章　多项式

多项式与整数的整除性有很多相似的结论和方法，本章给出多项式的常用性质、方法和一些重要的应用.

一、基本概念与重要结论

设 x 是一个符号(或称为文字、未定元)，P 是数域，如下表达式：

$$f(x)=a_nx^n+a_{n-1}x^{n-1}+\cdots+a_1x+a_0$$

称为数域 P 上的**一元多项式**，其中 $a_0, a_1, a_2, \cdots, a_n \in P$，$n$ 为非负整数. 当 $a_n \neq 0$ 时，多项式 $f(x)$ 的**次数**为 n，记为 $deg(f(x))=n$ 或 $\partial(f(x))=n$.

所有系数在数域 P 中的一元多项式全体称为数域 P 上的**一元多项式环**，记为 $P[x]$，数域 P 为 $P[x]$ 的系数域.

若对任意多项式 $f(x)$，$g(x)$，$\exists h(x)$，使得：$f(x)=g(x)h(x)$，则称 $g(x)$ 整除 $f(x)$，记做 $g(x)|f(x)$.

整除有如下一些性质：

(1) 任一多项式 $f(x)$ 一定能整除它自身和**零多项式** a(系数全为零的，$a \neq 0$)；

(2) **零次多项式** a 能整除任一多项式，即 $a|f(x)(a\neq 0)$；零次多项式只能被零次多项式整除；

(3) 若 $f(x)|g(x)$，$g(x)|h(x)$，则 $f(x)|h(x)$；

(4) 若 $f(x)$ 与 $g(x)$ 可以相互整除，则 $f(x)=ag(x)$，a 为非零常数，则称 $f(x)$ 与 $g(x)$ 是**相伴的**；

对任意多项式 $f(x)$，$g(x)$ 且 $g(x)\neq 0$，则存在唯一的 $q(x)$，$r(x)$ 使得：

$$f(x)=g(x)q(x)+r(x)$$

并且满足条件 $r(x)=0$ 或者 $\partial(r(x))\leqslant\partial(g(x))$ 的 $q(x)$，$r(x)$ 是唯一的.

若 $f(x)=(x-a)q(x)+r$，则 $r=f(a)$.

对任意非零多项式 $f(x)$，$g(x)$，存在 $u(x)$，$v(x)$ 使得：

$$f(x)u(x)+g(x)v(x)=(f(x),g(x)),$$

满足条件 $\partial(u(x))<\partial(g(x))$，$\partial(v(x))<\partial(f(x))$ 的 $u(x)$，$v(x)$ 是唯一存在的.

对任意多项式 $f(x)$，$g(x)$，$h(x)$，若 $(f(x),g(x))=1$，则

$$(f(x),g(x)h(x))=(f(x),h(x)).$$

特别地，若 $(f(x),g(x))=1$，那么 $f(x)|g(x)h(x)$，则 $f(x)|h(x)$.

只有平凡因式的多项式称为**不可约多项式**. 理论上，任何一个次数大于零的多项式都可以唯一分解成一些不可约多项式的乘积.

注：(1) 零多项式与零次多项式既不是可约的，也不是不可约的；

（2）一次多项式总是不可约的，不可约多项式$p(x)$的因式只有非零常数和它自身的非零常数倍$ap(x)(a\neq 0)$；不可约多项式$p(x)$与任一多项式$f(x)$的关系只有两种：要么$p(x)\mid f(x)$，要么$(p(x), f(x))=1$；

（3）多项式是否可约与其所在的数域有关．如，x^2+3在实数域$\mathbf{R}$上不可约，但在复数域$\boldsymbol{C}$上是可约的．

系数互素的整系数多项式称为**本原多项式**，两个本原多项式的乘积还是本原多项式．

若$f(x)$是整系数多项式，$f(x)=g(x)k(x)$，其中$g(x)$，$k(x)$是有理系数多项式．如果$g(x)$为本原多项式，则$k(x)$一定为整系数多项式．

设$f(x)=a_nx^n+a_{n-1}x^{n-1}+\cdots+a_1x+a_0$是一整系数多项式，若是能够找到一个素数$p$，使$p\nmid a_n$；$p\mid a_i$，$i=0, 1, 2, \cdots, n-1$；$p^2\nmid a_0$，则多项式$f(x)$在有理数域上不可约．该判别法为**艾森斯坦判别法**．

u，v是互素的整数，若$\frac{v}{u}$是整系数多项式$f(x)=a_nx^n+a_{n-1}x^{n-1}+\cdots+a_1x+a_0$的有理根，则：$u\nmid a_n$，$v\nmid a_0$．

$x=a$是多项式$f(x)=a_nx^n+a_{n-1}x^{n-1}+\cdots+a_1x+a_0$的$k$重根，则$x=a$是多项式$f'(x)$的$k-1$重根．

多项式$f(x)=a_nx^n+\cdots+a_1x+a_0$无重因式的充要条件是：$(f(x), f'(x))=1$．

复数$\alpha=a+bi$是实系数多项式$f(x)=a_nx^n+\cdots+a_1x+a_0$的根，则$\bar{\alpha}=a-bi$也是$f(x)$的根，而且重数相同．

设a，b，c都是整数，$\sqrt{c}$是无理数，若$\alpha=a+b\sqrt{c}$是有理系数多项式：

$$f(x)=a_nx^n+\cdots+a_1x+a_0$$

的根，则$\bar{\alpha}=a-b\sqrt{c}$也是$f(x)$的根．

若$\alpha=a_1+b_1\sqrt{c}$，$\beta=a_2+b_2\sqrt{c}$，则$\overline{\alpha+\beta}=\bar{\alpha}+\bar{\beta}$，$\overline{\alpha\cdot\beta}=\bar{\alpha}\cdot\bar{\beta}$，从而

$$f(\bar{\alpha})=\overline{f(\alpha)}=\bar{0}=0.$$

二、典型例题选讲

例 1.1 试证明：对任意多项式$f(x)$，$g(x)$，且$g(x)\neq 0$，存在$a_i(x)$，$i=1, 2, \cdots, n$使得

$$f(x)=a_0(x)+a_1(x)g(x)+a_2(x)g^2(x)+\cdots+a_n(x)g^n(x),$$

其中$\partial(a_i(x))<\partial(g(x))$，$i=1, 2, \cdots, n$．

证明 思路：带余除法．

（1）若$\partial(f(x))<\partial(g(x))$，或者$f(x)=0$，则$f(x)=a_0(x)$．

（2）若$\partial(f(x))\geqslant\partial(g(x))$，$f(x)=a_0(x)+b_1(x)g(x)$，其中$\partial(a_0(x))<\partial(g(x))$，或者$a_0(x)=0$．

重复上述过程，即

$$b_1(x)=a_1(x)+b_2(x)g(x),$$
$$b_2(x)=a_2(x)+b_3(x)g(x),$$

$$\vdots$$

$$b_{n-1}(x)=a_{n-1}(x)+b_n(x)g(x),$$

其中：$\partial(a_i(x))<\partial(g(x))$，或者 $a_i(x)=0$，$i=1,2,\cdots,n-1$. 进一步有

$$\partial(b_i(x))>\partial(b_{i-1}(x)),\ i=1,2,\cdots,n.$$

可使 $\partial(b_{n-1}(x))\geqslant\partial(g(x))$ 而 $\partial(b_n(x))<\partial(g(x))$，这样 $a_n(x)=b_n(x)$，从而

$$f(x)=a_0(x)+a_1(x)g(x)+a_2(x)g^2(x)+\cdots+a_n(x)g^n(x).$$

例 1.2　将分式$\dfrac{x-1}{(x+1)(x^2+1)}$化为分项分式.

解： 因为 $x^2+1=x(x+1)-x+1$，$-x+1=-(x+1)+2$，所以

$$1=\frac{1}{2}(x^2+1)-\frac{1}{2}(x-1)(x+1).$$

从而

$$x-1=\frac{1}{2}(x-1)(x^2+1)-\frac{1}{2}(x-1)^2(x+1).$$

又

$$\frac{1}{2}(x-1)=\frac{1}{2}(x+1)-1,\qquad -\frac{1}{2}(x-1)^2=-\frac{1}{2}(x^2+1)+x,$$

所以 $\dfrac{x-1}{(x+1)(x^2+1)}=\dfrac{1}{x+1}+\dfrac{x}{x^2+1}$.

例 1.3　当 a，b 为何值时，$x^2+ax+1\mid x^3+bx^2+5x+2$?

解： 方法一：因为 $x^2+ax+1\mid x^3+bx^2+5x+2$，则必有

$$x^3+bx^2+5x+2=(x^2+ax+1)(x+2),$$

即

$$x^3+bx^2+5x+2=x^3+(a+2)x^2+(2a+1)x+2,$$

比较系数可得 $a=2$，$b=4$.

方法二：用带余除法可得

$$x^3+bx^2+5x+2=(x^2+ax+1)[x+(b-a)]+[(a^2-ab+4)x+(a-b+2)],$$

因为 $x^2+ax+1\mid x^3+bx^2+5x+2$，则由余式必为零有 $(a^2-ab+4)x+(a-b+2)=0$，故可得 $a=2$，$b=4$.

例 1.4　(1) 求一个一元多项式，使它的各根分别等于 $f(x)=5x^4-6x^3+x^2+4$ 的各根减 1.（重庆大学，2010 年）

(2) 求一个一元多项式，使它的各根分别等于 $f(x)=x^5-4x^4+x^3+3x^2+2x-5$ 的根的 2 倍.

解： (1) 令 $y=x-1$，则

$$f(x)=5(y+1)^4-6(y+1)^3+(y+1)^2+4=5y^4+14y^3+13y^2+4y+4=g(y)$$

故多项式为 $g(y)$.（注：**该变换可称为根的平移**）

(2) 令 $y=2x$，则

$$2^5f(x)=2^5\left[\left(\frac{y}{2}\right)^5-4\left(\frac{y}{2}\right)^4+\left(\frac{y}{2}\right)^3+3\left(\frac{y}{2}\right)^2+2\left(\frac{y}{2}\right)-5\right]$$

$$= y^5 - 8y^4 + 4y^3 + 24y^2 + 32y - 160 = g(y),$$

故多项式为 $g(y)$.(注：**该变换可称为倍根的变换**)

例 1.5 求多项式 $f(x) = x^5 - 10x^3 - 20x^2 - 15x - 4$ 的标准分解式.

解：应用分离重因式方法求解. 因为 $f'(x) = 5x^4 - 30x^2 - 40x - 15$，采用辗转相除法可得 $(f(x), f'(x)) = x^3 + 3x^2 + 3x + 1$. 于是有

$$\frac{f(x)}{(f(x), f'(x))} = x^2 - 3x - 4 = (x-4)(x+1).$$

因此多项式 $f(x)$ 的不可约因式为 $x-4$ 和 $x+1$. 分别用 $x-4$ 和 $x+1$ 去除 $(f(x), f'(x)) = x^3 + 3x^2 + 3x + 1$，从而 $x-4$ 和 $x+1$ 在 $(f(x), f'(x))$ 中的重数分别是 0 和 3. 这表明 $x-4$ 和 $x+1$ 在 $f(x)$ 中的重数分别为 1 和 4. 因此 $f(x)$ 的标准分解式为 $f(x) = (x-4)(x+1)^4$.

例 1.6 试求以 $\sqrt{2}+\sqrt{3}$ 为根的有理系数不可约多项式.

解：有理系数多项式以 $\sqrt{2}+\sqrt{3}$ 为根，则必以 $\sqrt{2}-\sqrt{3}$，$-\sqrt{2}+\sqrt{3}$，$-\sqrt{2}-\sqrt{3}$ 为根. 故以 $\pm\sqrt{2}\pm\sqrt{3}$ 为根，次数最低的有理系数多项式为

$$\begin{aligned}p(x) &= (x-\sqrt{2}-\sqrt{3})(x-\sqrt{2}+\sqrt{3})(x+\sqrt{2}-\sqrt{3})(x+\sqrt{2}+\sqrt{3})\\ &= ((x-\sqrt{2})^2-3)((x+\sqrt{2})^2-3) = ((x^2-1)-2\sqrt{2}x)((x^2-1)+2\sqrt{2}x)\\ &= x^4 - 10x^2 + 1.\end{aligned}$$

若 $p(x)$ 可约，则 $p(x)$ 次数必大于 4.

$p(x) = (x-\sqrt{2}-\sqrt{3})(x-\sqrt{2}+\sqrt{3})(x+\sqrt{2}-\sqrt{3})(x+\sqrt{2}+\sqrt{3})$ 是 $p(x)$ 在实数域里的分解，$(x-\sqrt{2}-\sqrt{3})$，$(x-\sqrt{2}+\sqrt{3})$，$(x+\sqrt{2}-\sqrt{3})$，$(x+\sqrt{2}+\sqrt{3})$ 中任意小于四个的积都不是有理系数多项式. 根据唯一分解定理，$p(x)$ 在有理数域不可约.

例 1.7 设 $a_1, a_2, \cdots, a_n$ 是两两不同的整数，证明 $f(x) = (x-a_1)(x-a_2)\cdots(x-a_n) - 1$ 在有理数域不可约.

证明：假设 $f(x)$ 在有理数域上可约，则 $f(x)$ 可分解为两个次数较低的整系数多项式 $h(x)$，$g(x)$ 的乘积，即 $f(x) = h(x)g(x)$，其中 $\partial(h(x)) < n$，$\partial(g(x)) < n$. 从而有

$$f(a_i) = h(a_i)g(a_i) = -1,\ i = 1, 2, \cdots, n,$$

故 $h(a_i) = -1$，$g(a_i) = 1$ 或 $h(a_i) = 1$，$g(a_i) = -1\ (i = 1, 2, \cdots, n)$，即总有 $h(a_i) + g(a_i) = 0$，$i = 1, 2, \cdots, n$. 因此，多项式 $h(x) + g(x)$ 有 n 个互异的根，但 $\partial(h(x) + g(x)) < n$，矛盾. 所以 $f(x)$ 在有理数域上不可约.

例 1.8 设 m 是正整数，$f(x)$ 是整系数多项式，$f(x)$ 的次数 $n = 2m$ 或 $n = 2m+1$，a_1，a_2，$\cdots$，a_s 为不同的整数，$s > 2m$，且 $f(a_i) = 1$ 或 -1，$i = 1, 2, \cdots s$，证明：$f(x)$ 在有理数域上不可约.

证明：不妨设 $f(x) = f_1(x)f_2(x)$，则 $\partial(f_1(x))$ 和 $\partial(f_2(x))$ 中至少有一个不大于 m，否则 $n \geqslant 2m+2$. 不妨设 $\partial(f_1(x)) \leqslant m$. 因 $f(a_i) = 1$ 或 -1，$i = 1, 2, \cdots s$，则 $f_1(a_i) = \pm 1$，$i = 1, 2, \cdots, s$. 由 $s > 2m$，可得 $f_1(a_i)$ 中至少有 $m+1$ 个 1 或 -1，假若等于 1 的少于等于 m 个，那么等于 -1 的个数就会大于等于 $m+1$ 个，但是 $\partial(f_1(x)) \leqslant m$. 所以 $f_1(x) = 1$ 或 -1，从而 $f_1(x)$ 为一常数，所以 $f(x)$ 在有理数域上不可约.

例 1.9 已知 $f(z) = (z-z_1)^{a_1}(z-z_2)^{a_2}\cdots(z-z_p)^{a_p}$，求 $\dfrac{f'(z)}{f(z)}$.

解：设多项式 $g(x)=u_1(x)u_2(x)\cdots u_n(x)$，其中 $u_i(x)(i=1,2,\cdots,n)$ 为可微函数，则

$$g'(x)=u_1'(x)u_2(x)\cdots u_n(x)+u_1(x)u_2'(x)\cdots u_n(x)+\cdots+u_1(x)u_2(x)\cdots u_n'(x),$$

所以

$$\frac{g'(x)}{g(x)}=\frac{u_1'(x)}{u_1(x)}+\frac{u_2'(x)}{u_2(x)}+\cdots+\frac{u_n'(x)}{u_n(x)},$$

故 $$\frac{f'(z)}{f(z)}=\frac{a_1}{z-z_1}+\frac{a_2}{z-z_2}+\cdots+\frac{a_p}{z-z_p}.$$

例 1.10　（杭州师范大学，2011 年）设 $f(x)$，$g(x)$ 和 $h(x)$ 都是实系数多项式且

$$x^3f^2(x)=x^2g^4(x)+x^4h^6(x),$$

求证：$f(x)=g(x)=h(x)=0$.

证明：先证明 $g(x)$ 和 $h(x)$ 全为零多项式. 假设 $g(x)$ 和 $h(x)$ 不全为零多项式.

情形 1：如果 $g(x)$ 和 $h(x)$ 中有一个为零多项式，比较 $x^3f^2(x)=x^2g^4(x)+x^4h^6(x)$ 两边的多项式的次数得到奇数 = 偶数，矛盾.

情形 2：如果 $g(x)$ 和 $h(x)$ 都不为零多项式，因为 $g(x)$ 和 $h(x)$ 都是实系数多项式，而 $x^3f^2(x)=x^2g^4(x)+x^4h^6(x)$ 的首项系数都大于零，知 $x^2g^4(x)+x^4h^6(x)\neq 0$. 又由于 $x^3f^2(x)=x^2g^4(x)+x^4h^6(x)$，所以 $x^3f^2(x)\neq 0$，由此推导出 $f(x)\neq 0$，比较 $x^3f^2(x)=x^2g^4(x)+x^4h^6(x)$ 两边的多项式的次数得到奇数 = 偶数，矛盾.

综合上述分析可以得出 $g(x)=h(x)=0$. 从而 $f(x)=0$.

例 1.11　用初等对称多项式表示如下对称多项式：

$$f(x_1,x_2,x_3)=(x_1-x_2)^2(x_1-x_3)^2(x_2-x_3)^2.$$

解：因为多项式 $f(x)$ 是 3 元 6 次齐次对称多项式，根据基本定理的作法，则中间产生的序列 $f_1,f_2,\cdots$ 的首项所对应的数组有(4　1　1)，(3　3　0)，(3　2　1)，(2　2　2)，那么 $f,f_1,f_2,\cdots$ 的首项只有 $x_1^4x_2^2$，$Ax_1^4x_2x_3$，$Bx_1^3x_2^3$，$Cx_1^3x_2^2x_3$，$Dx_1^2x_2^2x_3^2$. 因此，可设

$$f=y_1^2y_2^2+Ay_1^3y_3+By_2^3+Cy_1y_2y_3+Dy_3^2,$$

取 x_1,x_2,x_3 为 1，1，0，代入上式中解得 $B=-4.$，取 x_1,x_2,x_3 为 2，1，1，代入上式中解得 $D=-27$. 取 x_1,x_2,x_3 为 2，2，-1，代入上式中解得 $A=-4$. 取 x_1,x_2,x_3 为 1，1，1，代入上式中解得 $C=18$. 所以

$$f=y_1^2y_2^2-4y_1^3y_3-4y_2^3+18y_1y_2y_3-27y_3^2.$$

例 1.12　设 $f_1(x)$，$f_2(x)$，$g_1(x)$，$g_2(x)$ 是数域 P 上的多项式，$a\in P$，满足 $f_1(a)=0$，$g_2(a)\neq 0$，且 $f_1(x)g_1(x)+f_2(x)g_2(x)=x-a$，证明：$(f_1(x),f_2(x))=x-a$.

证明：设 $(f_1(x),f_2(x))=h(x)$，故 $h(x)\mid f_1(x)$，$h(x)\mid f_2(x)$. 从而有：

$$h(x)\mid[f_1(x)g_1(x)+f_2(x)g_2(x)]=x-a.$$

下面证明 $(x-a)\mid h(x)$. 也就是证明 $(x-a)\mid f_1(x)$，$(x-a)\mid f_2(x)$. 因为 $f_1(a)=0$，则 $(x-a)\mid f_1(x)$. 又由于 $f_1(x)g_1(x)+f_2(x)g_2(x)=x-a$，则取 $x=a$，有 $f_2(a)g_2(a)=0$，而 $g_2(a)\neq 0$，故 $f_2(a)=0$，所以 $(x-a)\mid f_2(x)$.

综上所述，$(x-a)\mid f_1(x)$ 且 $(x-a)\mid f_2(x)$，则 $(x-a)\mid h(x)$，又 $h(x)\mid(x-a)$，故 $h(x)=x-a$，也就有 $(f_1(x),f_2(x))=x-a$.

例 1.13　设 $f(x)$ 是数域 P 上的不可约多项式，

(1) 若 $g(x)\in P[x]$ 且与 $f(x)$ 有一个公共复根，证明：$f(x)\mid g(x)$；

(2) 若 c 与 $\frac{1}{c}$ 都是 $f(x)$ 的根, b 是 $f(x)$ 任意一根, 证明: $\frac{1}{b}$ 也是 $f(x)$ 的根.

证明: (1) 设 $(f(x), g(x)) = d(x)$, 则当 $d(x) = 1$ 时, 有 $f(x)$ 与 $g(x)$ 无公共根, 与题设矛盾; 当 $\partial(d(x)) < \partial(f(x))$ 且 $\partial(d(x)) < \partial(g(x))$ 时, 可得 $d(x) \mid f(x)$, 这与 $f(x)$ 是不可约多项式矛盾; 当 $\partial(d(x)) = \partial(g(x))$, 有 $g(x) \mid f(x)$, 矛盾. 综上可知 $d(x) = f(x)$, 即 $f(x) \mid g(x)$.

(2) 设 $g(x) = f\left(\frac{1}{x}\right)$, 由于 c 与 $\frac{1}{c}$ 都是 $f(x)$ 的根, 则 $f(c) = f\left(\frac{1}{c}\right) = 0$, 从而有

$$c^n g(c) = \frac{1}{c^n} g\left(\frac{1}{c}\right) = 0,$$

故 $f(x)$ 与 $x^n g(x)$ 有公共复根. 根据(1)的结论, 有 $f(x) \mid x^n g(x)$, 所以若 b 是 $f(x)$ 任意一根, 则 $b^n g(b) = b^n f\left(\frac{1}{b}\right) = 0$, 故 $f\left(\frac{1}{b}\right) = 0$, 即 $\frac{1}{b}$ 也是 $f(x)$ 的根.

例 1.14 (浙江大学, 2021 年) 当 t 为何值时, 多项式 $f(x) = x^3 + 6x^2 + tx + 8$ 有重根? 并求出重根.

解: 方法一 设 a 为多项式 $f(x)$ 的重根, 则有

$$\begin{cases} f(a) = a^3 + 6a^2 + ta + 8 = 0, \\ f'(a) = 3a^2 + 12a + t = 0. \end{cases}$$

由此方程组中的第二个等式可得 $t = -3a^2 - 12a$, 代入第一个等式可得

$$0 = a^3 + 3a^2 - 4 = (a - 1)(a + 2)^2.$$

若 $a = 1$, 则 $t = -15$. 若 $a = -2$, 则 $t = 12$. 从而当 $t = -15$ 时, 多项式 $f(x)$ 有两重根 1; 当 $t = 12$ 时, 多项式 $f(x)$ 有三重根 -2.

方法二　考虑到 $f(x)$ 是 3 次多项式, 故可知 $f(x)$ 有重根, 当且仅当存在 p, q 使得:

$$f(x) = (x - p)^2(x + q),$$

上式展开与 $f(x)$ 的表达式比较可得:

$$\begin{cases} 2p + q = -6, \\ p^2 + 2pq = t, \\ p^2 q = -8. \end{cases}$$

由该方程组的第一式可得 $q = -2p - 6$, 代入第三式得关于 p 的方程 $p^3 + 3p^2 - 4 = 0$. 显然 $p = 1$ 是此方程的一个根, 从而 $0 = p^3 + 3p^2 - 4 = (p - 1)(p + 2)^2$. 解得:

$$p = 1,\ q = -8,\ t = -15 \text{ 或 } p = -2,\ q = -2,\ t = 12.$$

综上可知, 当 $t = -15$ 时, 多项式 $f(x)$ 有两重根 1; 当 $t = 12$ 时, 多项式 $f(x)$ 有三重根 -2.

同步练习 1

1. 用二进制表示 31 .
2. 求一个一元多项式, 使它的各根分别等于 $f(x) = 5x^4 - 6x^3 + x^2 + 4$ 的各根加 2.
3. (湖南师范大学, 2009 年) 设 $f(x)$ 为一整系数多项式, 证明: 若 $f(x) - 1$ 有 5 个不同的整

数根，则 $f(x)-12$ 无整数根.

4. (湖南师范大学，2012 年) 当 a, b 为何值时，$f(x)=x^3+3ax+2b$ 有重根.
5. (湖南师范大学，2012 年) m, n 都是整数，证明：$(m, n)=1$，当且仅当 $(x^m-1, x^n-1)=x-1$.
6. 求一个次数最低的多项式 $f(x)\in F[x]$，使得它被 $(x-1)^2$ 除所得余式为 $2x$，被 $(x-2)^2$ 除的余式为 $3x$.
7. 设 $\frac{p}{q}$ 为既约分数，$f(x)=a_nx^n+a_{n-1}x^{n-1}+\cdots+ax+a_0$ 为一整系数多项式，而且 $f\left(\frac{p}{q}\right)=0$，试证明：(1) $p\mid a_0$, $q\mid a_n$；(2) 对任意正整数 m, $p-qm\mid f(m)$.
8. (湖南大学，2007 年) 已知多项式 $f(x)=f_1(x)f_2(x)$, $g(x)=m(x)d(x)$，其中符号 $\partial()$ 表示该多项式的次数，证明：存在多项式 $u_1(x)$ 和 $u_2(x)$，使得
$$g(x)=u_1(x)f_2(x)+u_2(x)f_1(x),$$
且 $\partial(u_k(x))<\partial(f_k(x))$, $k=1, 2$.
9. (湖南大学，2008 年) 设 $f(x)$ 是一个不可约多项式，a 和 $\frac{1}{a}$ 都是 $f(x)$ 的根，又若 b 也是 $f(x)$ 的根，试证 $\frac{1}{b}$ 也是 $f(x)$ 的根.
10. (湖南大学，2009 年) 设 $d(x)$ 是 $f(x)$ 与 $g(x)$ 的公因式，证明：

    (1) $d(x)$ 是 $f(x)$ 与 $g(x)$ 的一个最大公因式的充要条件是：
$$d(x)=u(x)f(x)+v(x)g(x);$$
    (2) 若 $h(x)$ 是任一首项为 1 的多项式，则
$$(f(x)h(x), g(x)h(x))=(f(x), g(x))h(x).$$
11. (湖南大学，2011 年) 已知多项式 $f(x)$ 满足 $f(3)=0$, $f(4)=1$. 求 $f(x)$ 除以 $(x-3)(x-4)$ 的余式.
12. (湖南大学，2011 年) 设
$$f(x)=1+\frac{1}{2!}x^2+\frac{1}{4!}x^4+\cdots+\frac{1}{(2k)!}x^{2k}, (k\geqslant 1),$$
    证明：$f(x)$ 不存在三重根.
13. (湖南大学，2012 年) 设 $f(x)$, $g(x)$, $h(x)$ 是数域 P 上的多项式，且有

    $(x^2+1)h(x)+(x+1)f(x)+(x+1)g(x)=0$,

    $(x^2+1)h(x)+(x-1)f(x)+(x-2)g(x)=0$.

    证明：(x^2+1) 是 $f(x)$ 和 $g(x)$ 的公因式.
14. (湖南大学，2015 年) 设 $f(x)=x^6-2x^5-5x^2+11x-2$,

    (1) 试求 $f(x)=0$ 的有理根.

    (2) 在有理数域 Q 上把 $f(x)$ 分解成不可约多项式的乘积.
15. (湖南大学，2017 年) (1) 设 a, b, c, d 均为有理数，$\sqrt{d}$ 是无理数，且 $b\neq 0$. 若 $a+b\sqrt{d}$ 是有理数系多项式 $f(x)$ 的根. 证明：$a-b\sqrt{d}$ 也是 $f(x)$ 的根.

    (2) 构造一个次数最低的首项系数为 1 的有理系数多项式，使得 $1+\sqrt{2}$, $3-i$ 都是它的根.
16. (中南大学，2010 年) 设 $f(x)$, $g(x)$ 是整系数多项式，且 $b\neq 0$ 是本原的(即 $g(x)$ 的所有

系数只有 ± 1 的公因子). 如果$f(x)=g(x)h(x)$, 其中 $h(x)$ 是有理系数多项式, 证明: $h(x)$ 一定是整系数的.

17. (中南大学, 2011 年) 如果$(x-1)^2$ 整除 Ax^4+Bx^2+1, 求 A, B.

18. (中南大学, 2012 年) 设 $a=(a_1, a_2, \cdots, a_n)'$ 为一个 n 维($n\geqslant 1$) 非零实向量, 设
$f(x)=|xE-aa'|$, $g(x)=x^k-b^k$,
其中 E_n 为 n 阶单位矩阵, k 为一个正整数, $b=a'a$. 求$(f(x), g(x))$.

19. (中南大学, 2013 年) 设 $a_1, a_2, \cdots, a_n$ 是 n 个($n\geqslant 2$) 互不相同的整数. 证明:
$f(x)=(x-a_1)\cdots(x-a_n)-1$, 不能表示成两个次数大于零的整系数多项式之积.

20. (中南大学, 2014 年) 设$f(x)=x^4-10x^2+1$
(1) 求$f(x)$ 在实数域上的标准分解式;
(2) 证明$f(x)$ 在有理数域上不可约;
(3) 如果 $g(x)$ 是一个以$\sqrt{2}+\sqrt{3}$ 为根的有理系数多项式, 证明: $f(x)\mid g(x)$.

21. (中南大学, 2016 年) 设多项式
$$f(x)=2x^4+(2t+1)x^3+(t+1)x^2+4(1+u)x+2u+3$$
与 $g(x)=x^3+tx^2+2u$ 至少有两个公共根, 求 t 和 u 的值.

22. (中南大学, 2018 年) 写出以 $x_1^3x_2$ 为首项的项数最小的三元齐次对称多项式$f(x_1, x_2, x_3)$, 并表示为基本对称多项式的多项式.

23. (1) 设 m, n 是正整数. 证明: $(x^m-1, x^n-1)=x-1$ 当且仅当$(m, n)=1$;
(2) 在实数域上分解因式: x^6+27.

24. (湖南师范大学, 2013 年) 设
$$f(x)=x^3+(a+1)x^2+4x+2b,\ g(x)=x^3+ax^2+2b.$$
且$(f(x), g(x))$是一个二次多项式, 求 a, b 的值.

25. (湖南师范大学, 2013 年) 设 $a\neq 0$, 且$f(x)$ 满足$(x-a)\mid f(x^n)$, 证明:
$$(x^n-a^n)\mid f(x^n).$$

26. (湖南师范大学, 2014 年) 设多项式$f(x)=6x^4-13x^3+13x^2-2$.
(1) 求出$f(x)$ 的全体有理根;
(2) 在复数域上将$f(x)$ 分解为不可约多项式的乘积.

27. (湖南师范大学, 2014 年) 若$f(x)$ 有重因式, 且$(f'(x), f''(x))=1$. 证明: $f(x)$ 的重因式都是 2 的重因式.

28. (湖南师范大学, 2015) 设正整数 m, n, $a\neq 0$, 且 m, n 互素, n 是偶数, 求证:
$$(x^m-a^m, x^n+a^n)=1.$$

29. (湖南师范大学, 2017) 设多项式
$$f(x)=x^4-8x^3+24x^2-32x+7,$$
(1) 写出$f(x)+9$ 的因式分解, 并求出$f(x)+9$ 的全体实根;
(2) 求出$f(x)$ 的全体实根;
(3) 在实数域上将$f(x)$ 分解为不可约多项式的乘积.

30. (湖南师范大学, 2019 年) 求实数域上的多项式$f(x)=(x-1)x(x+1)(x+2)+1$在有理数域上的因式分解.

第 2 章　行列式

行列式是代数的基础，本章主要讨论行列式的计算.

一、基本概念与重要结论

行列式的定义及基本性质

$$D=\begin{vmatrix} a_{11} & a_{12} & \cdots & a_{1n} \\ a_{21} & a_{22} & \cdots & a_{2n} \\ \vdots & \vdots & & \vdots \\ a_{n1} & a_{n2} & \cdots & a_{nn} \end{vmatrix}=\sum(-1)^{\tau(i_1i_2\cdots i_n)+\tau(j_1j_2\cdots j_n)}a_{i_1j_1}a_{i_2j_2}\cdots a_{i_nj_n}$$

$$=\sum(-1)^{\tau(i_1i_2\cdots i_n)}a_{1j_1}a_{2j_2}\cdots a_{nj_n}=\sum(-1)^{\tau(j_1j_2\cdots j_n)}a_{i_11}a_{i_22}\cdots a_{i_nn}.$$

行列式的值与它的转置行列式的值相等(即 $D=D^{\mathrm{T}}$).

交换行列式的两行(或两列)，行列式改变符号.

行列式中某一行(或列)的各元素有公因子 k，则 k 可提到行列式符号的外面.

若行列式中有两行(列)的元素对应成比例，则此行列式等于零.

若行列式的某一行(列)的元素都是两数之和，如

$$D=\begin{vmatrix} a_{11} & a_{12} & \cdots & (a_{1i}+a'_{1i}) & \cdots & a_{1n} \\ a_{21} & a_{22} & \cdots & (a_{2i}+a'_{2i}) & \cdots & a_{2n} \\ \vdots & \vdots & & \vdots & & \vdots \\ a_{n1} & a_{n2} & \cdots & (a_{ni}+a'_{ni}) & \cdots & a_{nn} \end{vmatrix}$$

则 D 等于下列两个行列式之和，即

$$D=\begin{vmatrix} a_{11} & a_{12} & \cdots & a_{1i} & \cdots & a_{1n} \\ a_{21} & a_{22} & \cdots & a_{2i} & \cdots & a_{2n} \\ \vdots & \vdots & & \vdots & & \vdots \\ a_{n1} & a_{n2} & \cdots & a_{ni} & \cdots & a_{nn} \end{vmatrix}+\begin{vmatrix} a_{11} & a_{12} & \cdots & a'_{1i} & \cdots & a_{1n} \\ a_{21} & a_{22} & \cdots & a'_{2i} & \cdots & a_{2n} \\ \vdots & \vdots & & \vdots & & \vdots \\ a_{n1} & a_{n2} & \cdots & a'_{ni} & \cdots & a_{nn} \end{vmatrix}.$$

把行列式的某一行(列)的各元素乘以同一数 k 后加到另一行(列)对应的元素上去，行列式的值不变.

设 n 级行列式 D 为：

$$D=\begin{vmatrix} a_{11} & a_{12} & \cdots & a_{1i} & \cdots & a_{1n} \\ a_{21} & a_{22} & \cdots & a_{2i} & \cdots & a_{2n} \\ \vdots & \vdots & & \vdots & & \vdots \\ a_{n1} & a_{n2} & \cdots & a_{ni} & \cdots & a_{nn} \end{vmatrix}.$$

则有(1) **余子式**：在 n 级行列式 D 中，去掉元素 a_{ij} 所在的第 i 行和第 j 列后，余下的 $n-1$ 级行列式称为元素 a_{ij} 的余子式，记为 M_{ij}；

(2) **代数余子式**：将 $A_{ij}=(-1)^{i+j}M_{ij}$ 称为 n 级行列式 D 中元素 a_{ij} 的代数余子式；

(3)**k 级子式**：在 n 级行列式 D 中，任意选定 k 行和 k 列($1\leqslant k\leqslant n$)，位于这些行列交叉处的 k^2 个元素，按原来顺序构成一个 k 级行列式 M，称为 n 级行列式 D 的一个 k 级子式.

若 A_{i1}，A_{i2}，…，A_{in}，($i=1$，2，…，n) 是 D 的第 i 行的**代数余子式**，则：

$$b_1A_{1j}+b_2A_{2j}+\cdots+b_nA_{nj}=\begin{vmatrix} a_{11} & a_{12} & \cdots & b_1 & \cdots & a_{1n}\\ a_{21} & a_{22} & \cdots & b_2 & \cdots & a_{2n}\\ \vdots & \vdots & & \vdots & & \vdots\\ a_{n1} & a_{n2} & \cdots & b_n & \cdots & a_{nn}\end{vmatrix}.$$

特别地，$a_{1i}A_{1j}+a_{2i}A_{2j}+\cdots+a_{ni}A_{nj}=\begin{cases}D, & i=j,\\ 0, & i\neq j.\end{cases}$

克莱姆法则：若线性方程组

$$\begin{cases}a_{11}x_1+a_{12}x_2+\cdots+a_{1n}x_n=b_1\\ a_{21}x_1+a_{22}x_2+\cdots+a_{2n}x_n=b_2\\ \qquad\qquad\vdots\\ a_{n1}x_1+a_{n2}x_2+\cdots+a_{nn}x_n=b_n\end{cases},$$

的系数行列式 $D=\begin{vmatrix} a_{11} & a_{12} & \cdots & a_{1n}\\ a_{21} & a_{22} & \cdots & a_{2n}\\ \vdots & \vdots & & \vdots\\ a_{n1} & a_{n2} & \cdots & a_{nn}\end{vmatrix}\neq 0$，则方程组存在唯一解，且 $x_i=\dfrac{D_i}{D}$，$i=1$，2，…，n，

其中 D_i 是将行列式 D 中第 i 列换成方程组的常数项 b_1，b_2，…，b_n 所构成的行列式.

齐次线性方程组

$$\begin{cases}a_{11}x_1+a_{12}x_2+\cdots+a_{1n}x_n=0\\ a_{21}x_1+a_{22}x_2+\cdots+a_{2n}x_n=0\\ \qquad\qquad\vdots\qquad\qquad\vdots\\ a_{n1}x_1+a_{n2}x_2+\cdots+a_{nn}x_n=0\end{cases}$$

的系数行列式 $D\neq 0$ 的充要条件是齐次线性方程组只有零解，也就是说，齐次线性方程组有非零解的充要条件是系数行列式 $D=0$.

拉普拉斯定理：行列式等于其任意 k 行的所有 k 阶子式与它的代数余子式的乘积之和.

特别地有：

$$\begin{vmatrix} A & O\\ B & C\end{vmatrix}=|AC|=|A||C|.$$

在具体计算某行列式时，需要根据行列式中行(或列)元素的特点来选择相对应的计算方法，并且每个行列式的计算方法不唯一，但计算结果相同. **行列式的常用计算方法有**：

(1) 用定义计算行列式；

(2) 用行列式性质化为已知行列式；

(3) 化(上或下)三角形行列式；

(4) 拆分法;
(5) 加边法;
(6) 滚动相消法;
(7) 递推公式法;
(8) 数学归纳法;
(9) 利用降级公式计算行列式;
(10) 利用相关公式化成常见行列式;
(11) 其他方法.

二、典型例题选讲

例 2.1　已知行列式 $D(x)=\begin{vmatrix} a_{11}(x) & a_{12}(x) & \cdots & a_{1n}(x) \\ a_{21}(x) & a_{22}(x) & \cdots & a_{2n}(x) \\ \vdots & \vdots & & \vdots \\ a_{n1}(x) & a_{n2}(x) & \cdots & a_{nn}(x) \end{vmatrix}$, 计算$\dfrac{\mathrm{d}(D(x))}{\mathrm{d}x}$.

解: 由 $D(x)=\sum(-1)^{\tau(i_1i_2\cdots i_n)}a_{i_11}(x)a_{i_22}(x)\cdots a_{i_nn}(x)$, 则

$$\frac{\mathrm{d}(D(x))}{\mathrm{d}x}=\sum(-1)^{\tau(i_1i_2\cdots i_n)}\frac{\mathrm{d}(a_{i_11}(x))}{\mathrm{d}x}a_{i_22}(x)\cdots a_{i_nn}(x)+\sum(-1)^{\tau(i_1i_2\cdots i_n)}a_{i_11}(x)\frac{\mathrm{d}(a_{i_22}(x))}{\mathrm{d}x}\cdots a_{i_nn}(x)+\cdots+\sum(-1)^{\tau(i_1i_2\cdots i_n)}a_{i_11}(x)a_{i_22}(x)\cdots\frac{\mathrm{d}(a_{i_nn}(x))}{\mathrm{d}x}$$

$$=\begin{vmatrix} \dfrac{\mathrm{d}(a_{11}(x))}{\mathrm{d}x} & a_{12}(x) & \cdots & a_{1n}(x) \\ \dfrac{\mathrm{d}(a_{21}(x))}{\mathrm{d}x} & a_{22}(x) & \cdots & a_{2n}(x) \\ \vdots & \vdots & & \vdots \\ \dfrac{\mathrm{d}(a_{n1}(x))}{\mathrm{d}x} & a_{n2}(x) & \cdots & a_{nn}(x) \end{vmatrix}+\begin{vmatrix} a_{11}(x) & \dfrac{\mathrm{d}(a_{12}(x))}{\mathrm{d}x} & \cdots & a_{1n}(x) \\ a_{21}(x) & \dfrac{\mathrm{d}(a_{22}(x))}{\mathrm{d}x} & \cdots & a_{2n}(x) \\ \vdots & \vdots & & \vdots \\ a_{n1}(x) & \dfrac{\mathrm{d}(a_{n2}(x))}{\mathrm{d}x} & \cdots & a_{nn}(x) \end{vmatrix}$$

$$+\cdots+\begin{vmatrix} a_{11}(x) & a_{12}(x) & \cdots & \dfrac{\mathrm{d}(a_{1n}(x))}{\mathrm{d}x} \\ a_{21}(x) & a_{22}(x) & \cdots & \dfrac{\mathrm{d}(a_{2n}(x))}{\mathrm{d}x} \\ \vdots & \vdots & & \vdots \\ a_{n1}(x) & a_{n2}(x) & \cdots & \dfrac{\mathrm{d}(a_{nn}(x))}{\mathrm{d}x} \end{vmatrix}.$$

注：本题也可以按行进行求导运算。

例 2.2　证明 n 阶范德蒙(Vander Monde) 行列式

$$D_n=\begin{vmatrix}1&1&1&\cdots&1\\a_1&a_2&a_3&\cdots&a_n\\a_1^2&a_2^2&a_3^2&\cdots&a_n^2\\\vdots&\vdots&\vdots&&\vdots\\a_1^{n-1}&a_2^{n-1}&a_3^{n-1}&\cdots&a_n^{n-1}\end{vmatrix}=\prod_{1\leqslant j\leqslant i\leqslant n}(a_i-a_j),$$

即 D_n 为 $a_1, a_2, \cdots, a_n$ 这 n 个数的差 (a_i-a_j) $(1\leqslant j\leqslant i\leqslant n)$ 的乘积.

证明：用数学归纳法证明.

当 $n=2$ 时，$D_2=\begin{vmatrix}1&1\\a_1&a_2\end{vmatrix}=a_2-a_1$，结论显然成立.

假设对于 $n-1$ 阶范德蒙行列式 D_{n-1} 结论成立，则对于 n 阶范德蒙行列式 D_n 作如下变形：第 n 行减去第 $n-1$ 行的 a_1 倍，第 $n-1$ 行减去第 $n-2$ 行的 a_1 倍，…，第 2 行减去第 1 行的 a_1 倍，得到

$$D_n=\begin{vmatrix}1&1&1&\cdots&1\\0&a_2-a_1&a_3-a_1&\cdots&a_n-a_1\\0&a_2^2-a_1a_2&a_3^2-a_1a_3&\cdots&a_n^2-a_1a_n\\\vdots&\vdots&\vdots&&\vdots\\0&a_2^{n-1}-a_1a_2^{n-2}&a_3^{n-1}-a_1a_3^{n-2}&\cdots&a_n^{n-1}-a_1a_n^{n-2}\end{vmatrix}.$$

再按第 1 列展开得

$$D_n=1\times(-1)^{1+1}\begin{vmatrix}a_2-a_1&a_3-a_1&\cdots&a_n-a_1\\a_2^2-a_1a_2&a_3^2-a_1a_3&\cdots&a_n^2-a_1a_n\\\vdots&\vdots&&\vdots\\a_2^{n-1}-a_1a_2^{n-2}&a_3^{n-1}-a_1a_3^{n-2}&\cdots&a_n^{n-1}-a_1a_n^{n-2}\end{vmatrix}$$

$$=(a_2-a_1)(a_3-a_1)\cdots(a_n-a_1)\begin{vmatrix}1&1&1&\cdots&1\\a_2&a_3&a_4&\cdots&a_n\\a_2^2&a_3^2&a_4^2&\cdots&a_n^2\\\vdots&\vdots&\vdots&&\vdots\\a_2^{n-2}&a_3^{n-2}&a_4^{n-2}&\cdots&a_n^{n-2}\end{vmatrix}.$$

最后所得的行列式即是一个 $n-1$ 阶范德蒙行列式，根据假设，它等于所有可能的差 $(a_i-a_j)(2\leqslant j\leqslant i\leqslant n-1)$ 的乘积，因此

$$D_n=(a_2-a_1)(a_3-a_1)\cdots(a_n-a_1)\begin{vmatrix}1&1&1&\cdots&1\\a_2&a_3&a_4&\cdots&a_n\\a_2^2&a_3^2&a_4^2&\cdots&a_n^2\\\vdots&\vdots&\vdots&&\vdots\\a_2^{n-2}&a_3^{n-2}&a_4^{n-2}&\cdots&a_n^{n-2}\end{vmatrix}.$$

$$=(a_2-a_1)(a_3-a_1)\cdots(a_n-a_1)\prod_{2\leqslant j\leqslant i\leqslant n-1}(a_i-a_j)$$

$$=\prod_{1\leqslant j\leqslant i\leqslant n}(a_i-a_j).$$

即结论对 n 阶范德蒙行列式也成立.

例 2.3　计算行列式

$$D=\begin{vmatrix} 2^n-2 & 2^{n-1}-2 & \cdots & 2^3-2 & 2^2-2 \\ 3^n-3 & 3^{n-1}-3 & \cdots & 3^3-3 & 3^2-3 \\ 4^n-4 & 4^{n-1}-4 & \cdots & 4^3-4 & 4^2-4 \\ \vdots & \vdots & & \vdots & \vdots \\ n^n-n & n^{n-1}-n & \cdots & n^3-n & n^2-n \end{vmatrix}.$$

解：将 D 升阶加边，可得

$$D=(-1)^{n+1}\begin{vmatrix} 1-1 & 1-1 & \cdots & 1-1 & 1-1 & 1 \\ 2^n-2 & 2^{n-1}-2 & \cdots & 2^3-2 & 2^2-2 & 2 \\ 3^n-3 & 3^{n-1}-3 & \cdots & 3^3-3 & 3^2-3 & 3 \\ \vdots & \vdots & & \vdots & \vdots & \\ n^n-n & n^{n-1}-n & \cdots & n^3-n & n^2-n & n \end{vmatrix}$$

将最后一列依次加到第 $n-1$，$n-2$，…，2，1 列，可得

$$D=(-1)^{n+1}\begin{vmatrix} 1 & 1 & \cdots & 1 & 1 \\ 2^n & 2^{n-1} & \cdots & 2^3 & 2^2 \\ 3^n & 3^{n-1} & \cdots & 3^3 & 3^2 \\ \vdots & \vdots & & \vdots & \vdots \\ n^n & n^{n-1} & \cdots & n^3 & n^2 \end{vmatrix}$$

$$=(-1)^{n+1}n!\begin{vmatrix} 1 & 1 & \cdots & 1 & 1 & 1 \\ 2^{n-1} & 2^{n-2} & \cdots & 2^2 & 2 & 1 \\ 3^{n-1} & 3^{n-2} & \cdots & 3^2 & 3 & 1 \\ \vdots & \vdots & & \vdots & \vdots & \vdots \\ n^{n-1} & n^{n-2} & \cdots & n^2 & n & 1 \end{vmatrix}$$

将最后一个行列式的第 n 列依次与左边各列交换到第 1 列，然后将得到的行列式的第 n 列依次与左边的各列交换到第 2 列，重复进行下去，通过 $\frac{n(n-1)}{2}$ 次的列交换得到如下 n 阶范德蒙行列式：

$$D=(-1)^{n+1}n!\,(-1)^{\frac{n(n-1)}{2}}\begin{vmatrix} 1 & 1 & 1 & \cdots & 1 & 1 \\ 1 & 2 & 2^2 & \cdots & 2^{n-2} & 2^{n-1} \\ 1 & 3 & 3^2 & \cdots & 3^{n-2} & 3^{n-1} \\ \vdots & \vdots & \vdots & & \vdots & \vdots \\ 1 & n & n^2 & \cdots & n^{n-2} & n^{n-1} \end{vmatrix}$$

$$=(-1)^{\frac{n^2+n+2}{2}}n!\prod_{1\leqslant j<i\leqslant n}(i-j).$$

例 2.4　（浙江大学，2010 年）计算 n 阶行列式

$$D_n=\begin{vmatrix}1&2&3&\cdots&n-1&n\\2&3&4&\cdots&n&1\\3&4&5&\cdots&1&2\\\vdots&\vdots&\vdots&&\vdots&\vdots\\n-1&n&1&\cdots&n-3&n-2\\n&1&2&\cdots&n-2&n-1\end{vmatrix},\ (n\geqslant 3).$$

解：对于 n 阶行列式 D_n 作如下变形：第 n 行减去第 $n-1$ 行，第 $n-1$ 行减去第 $n-2$ 行，…，第 2 行减去第 1 行，得到

$$D_n=\begin{vmatrix}1&2&3&\cdots&n-1&n\\1&1&1&\cdots&1&1-n\\1&1&1&\cdots&1-n&1\\\vdots&\vdots&\vdots&&\vdots&\vdots\\1&1&1-n&\cdots&1&1\\1&1-n&1&\cdots&1&1\end{vmatrix}$$

（从第二列起，每一列加到第一列）

$$=\begin{vmatrix}\frac{n(n+1)}{2}&2&3&\cdots&n-1&n\\0&1&1&\cdots&1&1-n\\0&1&1&\cdots&1-n&1\\\vdots&\vdots&\vdots&&\vdots&\vdots\\0&1&1-n&\cdots&1&1\\0&1-n&1&\cdots&1&1\end{vmatrix}$$

$$=\frac{n(n+1)}{2}\begin{vmatrix}1&1&\cdots&1-n\\\vdots&\vdots&&\vdots\\1&1-n&\cdots&1\\1-n&1&\cdots&1\end{vmatrix}$$

（从第二行起，每一行加到第一行）

$$=\frac{n(n+1)}{2}\begin{vmatrix}-1&-1&\cdots&-1&-1\\1&1&\cdots&1-n&1\\\vdots&\vdots&&\vdots&\vdots\\1-n&1&&1&1\end{vmatrix}$$

$$=\frac{n(n+1)}{2}\begin{vmatrix}-1&-1&\cdots&-1&-1\\0&0&\cdots&-n&0\\\vdots&\vdots&&\vdots&\vdots\\-n&0&\cdots&0&0\end{vmatrix}$$

（第一行加到下面每一行）

$$=\frac{n(n+1)}{2}(-1)^{n-1}n^{n-2}(-1)^{\frac{n(n-1)}{2}}=(-1)^{\frac{n(n+1)}{2}-1}\cdot\frac{n^{n-1}(n+1)}{2}.$$

例 2.5　计算行列式

$$D=\begin{vmatrix} C_0^0 & C_1^0 & C_2^0 & \cdots & C_{n-1}^0 \\ C_1^1 & C_2^1 & C_3^1 & \cdots & C_n^1 \\ C_2^2 & C_3^2 & C_4^2 & \cdots & C_{n+1}^2 \\ \vdots & \vdots & \vdots & & \vdots \\ C_{n-2}^{n-2} & C_{n-1}^{n-2} & C_n^{n-2} & \cdots & C_{2n-2}^{n-2} \\ C_{n-1}^{n-1} & C_n^{n-1} & C_{n+1}^{n-1} & \cdots & C_{2n-1}^{n-1} \end{vmatrix}.$$

解：对于 n 阶行列式 D_n 作如下变形：第 n 行减去第 $n-1$ 行，第 $n-1$ 行减去第 $n-2$ 行，…，第 2 行减去第 1 行，利用恒定式：$C_{n+1}^{k+1}-C_n^{k+1}=C_n^k$ 得到

$$D=\begin{vmatrix} C_0^0 & C_1^0 & C_2^0 & \cdots & C_{n-1}^0 \\ 0 & C_1^1 & C_2^1 & \cdots & C_{n-1}^1 \\ 0 & C_2^2 & C_3^2 & \cdots & C_n^2 \\ \vdots & \vdots & \vdots & & \vdots \\ 0 & C_{n-2}^{n-2} & C_{n-1}^{n-2} & \cdots & C_{2n-3}^{n-2} \\ 0 & C_{n-1}^{n-1} & C_n^{n-1} & \cdots & C_{2n-2}^{n-1} \end{vmatrix}.$$

$$=\begin{vmatrix} C_0^0 & C_1^0 & C_2^0 & \cdots & C_{n-1}^0 \\ 0 & C_1^1 & C_2^1 & \cdots & C_{n-1}^1 \\ 0 & 0 & C_2^2 & \cdots & C_{n-1}^2 \\ \vdots & \vdots & \vdots & & \vdots \\ 0 & 0 & \cdots & C_{n-2}^{n-2} & C_{n-1}^{n-2} \\ 0 & 0 & \cdots & 0 & C_{n-1}^{n-1} \end{vmatrix}=C_0^0C_1^1\cdots C_{n-1}^{n-1}=1.$$

例 2.6　计算 n 阶行列式

$$D_n=\begin{vmatrix} 2 & 1 & 0 & \cdots & 0 & 0 \\ 1 & 2 & 1 & \cdots & 0 & 0 \\ 0 & 1 & 2 & \cdots & 0 & 0 \\ \vdots & \vdots & \vdots & & \vdots & \vdots \\ 0 & 0 & 0 & \cdots & 2 & 1 \\ 0 & 0 & 0 & \cdots & 1 & 2 \end{vmatrix}.$$

解：按第 1 列展开，然后将右端第二项的行列式按第 1 行展开得

$$D_n=2D_{n-1}+(-1)^{1+2}\begin{vmatrix} 1 & 0 & 0 & \cdots & 0 & 0 \\ 1 & 2 & 1 & \cdots & 0 & 0 \\ 0 & 1 & 2 & \cdots & 0 & 0 \\ \vdots & \vdots & \vdots & & \vdots & \vdots \\ 0 & 0 & 0 & \cdots & 2 & 1 \\ 0 & 0 & 0 & \cdots & 1 & 2 \end{vmatrix}=2D_{n-1}-D_{n-2}.$$

所以

$$D_n - D_{n-1} = D_{n-1} - D_{n-2},$$

由此递推得

$$D_n - D_{n-1} = D_{n-1} - D_{n-2} = \cdots = D_2 - D_1 = 1,$$

从而

$$D_n = D_{n-1} + 1 = D_{n-2} + 2 = \cdots = D_1 + (n-1) = n + 1.$$

注：递推法和数学归纳法是计算或证明 n 阶行列式的两种常用方法.

例 2.7 设四阶行列式

$$D_4 = \begin{vmatrix} a & b & c & d \\ c & b & d & a \\ d & b & c & a \\ a & b & d & c \end{vmatrix},$$

求 $A_{14} + A_{24} + A_{34} + A_{44}$，其中 A_{i4} 为元素 a_{i4} 的代数余子式.

解：将行列式 D_4 按第 4 列展开，该行列式的第 4 列的元素余子式与 D_4 的第 4 列的元素余子式相同，则

$$A_{14} + A_{24} + A_{34} + A_{44} = \begin{vmatrix} a & b & c & 1 \\ c & b & d & 1 \\ d & b & c & 1 \\ a & b & d & 1 \end{vmatrix}$$

利用行列式的性质得 $A_{14} + A_{24} + A_{34} + A_{44} = 0$.

本章给出的是行列式的基本计算方法，在后面的章节里我们可以看到，满足一定条件时，行列式还可以用别的方法来计算.

例 2.8 计算行列式

$$D = \begin{vmatrix} 1 & 1 & 1 & \cdots & 1 \\ x_1 & x_2 & x_3 & \cdots & x_n \\ x_1^2 & x_2^2 & x_3^2 & \cdots & x_n^2 \\ \vdots & \vdots & \vdots & & \vdots \\ x_1^{n-1} & x_2^{n-1} & x_3^{n-1} & \cdots & x_n^{n-1} \\ x_1^n & x_2^n & x_3^n & & x_n^n \end{vmatrix}.$$

解：考察多项式

$$f(x) = \begin{vmatrix} 1 & 1 & \cdots & 1 & 1 \\ x_1 & x_2 & \cdots & x_n & x \\ x_1^2 & x_2^2 & \cdots & x_n^2 & x^2 \\ \vdots & \vdots & & \vdots & \vdots \\ x_1^{n-1} & x_2^{n-1} & \cdots & x_n^{n-1} & x^{n-1} \\ x_1^n & x_2^n & \cdots & x_n^n & x^n \end{vmatrix}$$

一方面，行列式 D 为上述行列式 n 行 $n+1$ 列的余子式；另一方面，上述行列式按最后一列展开，x^{n-1} 的系数就是上述行列式 n 行 $n+1$ 列的代数余子式，而

$$f(x)=\Big(\prod_{1\leqslant i<j\leqslant n}(x_j-x_i)\Big)(x-x_1)\cdots(x-x_n).$$

根据根与系数的关系，x^{n-1} 的系数就是 $-(x_1+x_2+\cdots+x_n)\Big(\prod_{1\leqslant i<j\leqslant n}(x_j-x_i)\Big)$，所以

$$D=(x_1+x_2+\cdots+x_n)\Big(\prod_{1\leqslant i<j\leqslant n}(x_j-x_i)\Big).$$

例 2.9　计算行列式

$$D_n=\begin{vmatrix} x & -1 & 0 & \cdots & 0 & 0\\ 0 & x & -1 & \cdots & 0 & 0\\ 0 & 0 & x & \cdots & 0 & 0\\ \vdots & \vdots & \vdots & & \vdots & \vdots\\ 0 & 0 & 0 & \cdots & x & -1\\ a_n & a_{n-1} & a_{n-2} & \cdots & a_2 & x+a_1 \end{vmatrix}(x\neq 0).$$

解：方法一　**数学归纳法**. 考察行列式 D_n，由于

$$D_2=x^2+a_1x+a_2,\ D_3=x^3+a_1x^2+a_2x+a_3.$$

所以猜想行列式 D 为

$$D_n=x^n+a_1x^{n-1}+a_2x^{n-2}+\cdots+a_{n-1}x+a_n.$$

下面利用数学归纳法证明上述猜想成立. 显然，当 $n=2$ 时结论成立. 假设结论对 $n-1$ 阶行列式也成立，则对行列式 D_n 按第 1 列展开可得 $D_n=xD_{n-1}+a_n$，即

$$\begin{aligned} D_n&=x(x^{n-1}+a_1x^{n-2}+a_2x^{n-3}+\cdots+a_{n-2}x+a_{n-1})+a_n\\ &=x^n+a_1x^{n-1}+a_2x^{n-2}+\cdots+a_{n-1}x+a_n. \end{aligned}$$

方法二　**拆分法**. 设

$$\boldsymbol{A}=\begin{pmatrix} x & -1 & 0 & \cdots & 0 & 0\\ 0 & x & -1 & \cdots & 0 & 0\\ 0 & 0 & x & \cdots & 0 & 0\\ \vdots & \vdots & \vdots & & \vdots & \vdots\\ 0 & 0 & 0 & \cdots & x & -1\\ 0 & 0 & 0 & \cdots & 0 & x \end{pmatrix}_{n-1,\,n-1},\quad \boldsymbol{B}=\begin{pmatrix} 0\\ 0\\ 0\\ \vdots\\ -1\\ x \end{pmatrix}_{n-1,\,1}$$

$$\boldsymbol{P}=(a_1,\ a_2,\ \cdots,\ a_2),\quad \boldsymbol{Q}=x+a_1$$

则有

$$\boldsymbol{C}=\begin{pmatrix} x & -1 & 0 & \cdots & 0 & 0\\ 0 & x & -1 & \cdots & 0 & 0\\ 0 & 0 & x & \cdots & 0 & 0\\ \vdots & \vdots & \vdots & & \vdots & \vdots\\ 0 & 0 & 0 & \cdots & x & -1\\ a_n & a_{n-1} & a_{n-2} & \cdots & a_2 & x+a_1 \end{pmatrix}=\begin{pmatrix} \boldsymbol{A} & \boldsymbol{B}\\ \boldsymbol{P} & \boldsymbol{Q} \end{pmatrix}$$

因为 $|\boldsymbol{A}|=x^{n-1}\neq 0$，且

$$A^{-1}=\begin{pmatrix}\frac{1}{x} & \frac{1}{x^2} & \frac{1}{x^3} & \cdots & \frac{1}{x^{n-1}}\\ 0 & \frac{1}{x} & \frac{1}{x^2} & \cdots & \frac{1}{x^{n-2}}\\ 0 & 0 & \frac{1}{x} & \cdots & \frac{1}{x^{n-3}}\\ \vdots & \vdots & \vdots & & \vdots\\ 0 & 0 & 0 & \cdots & \frac{1}{x}\end{pmatrix}$$

所以 $D_n=|C|=|A|\,|Q-PA^{-1}B|=x^n+a_1x^{n-1}+a_2x^{n-2}+\cdots+a_{n-1}x+a_n$.

方法三　**递推法**

$$\left.\begin{array}{l}D_n=xD_{n-1}+a_n\\ D_{n-1}=xD_{n-2}+a_{n-1}\\ \quad\vdots\\ D_3=xD_2+a_3\\ D_2=xD_1+a_2\\ D_1=x+a_1\end{array}\right\}\Rightarrow\begin{cases}D_n=xD_{n-1}+a_n\\ xD_{n-1}=x^2D_{n-2}+a_{n-1}x\\ \quad\vdots\\ x^{n-3}D_3=x^{n-2}D_2+a_3x^{n-3}\\ x^{n-2}D_2=x^{n-1}D_1+a_2x^{n-2}\\ x^{n-1}D_1=x^n+a_1x^{n-1}\end{cases}$$

将上面右侧的等式相加并整理可得：

$$D_n=x^n+a_1x^{n-1}+a_2x^{n-2}+\cdots+a_{n-1}x+a_n.$$

下面的例子可以利用行列式的定义来解决.

例 2.10　（武汉大学，2020 年）设 $A=(a_{ij})_{n\times n}$，$a_{ij}\in \mathbf{Z}(i,j=1,2,\cdots,n)$，$k$ 为正整数且 $k\geqslant 2$. 试证明：

$$\begin{vmatrix}a_{11}-\frac{1}{k} & a_{12} & \cdots & a_{1n}\\ a_{21} & a_{22}-\frac{1}{k} & \cdots & a_{2n}\\ \vdots & \vdots & & \vdots\\ a_{n1} & a_{n2} & \cdots & a_{nn}-\frac{1}{k}\end{vmatrix}\neq 0.$$

证明：

方法一　因为

$$\text{原行列式}=\left(\frac{1}{k}\right)^n\begin{vmatrix}ka_{11}-1 & ka_{12} & \cdots & ka_{1n}\\ ka_{21} & ka_{22}-1 & \cdots & ka_{2n}\\ \vdots & \vdots & & \vdots\\ ka_{n1} & ka_{n2} & \cdots & ka_{nn}-1\end{vmatrix}.$$

由行列式的定义，上面等式的右边的行列式对角线元素乘积中 $(-1)^n$ 是行列式的展开式中的一项，而其余的项都有公因数 k，所以

$$\text{原行列式}=\left(\frac{1}{k}\right)^n[(-1)^n+km],$$

其中 m 为整数，从而原行列式的值不等于零.

方法二　设

$$f(p)=\begin{vmatrix} a_{11}-p & a_{12} & \cdots & a_{1n} \\ a_{21} & a_{22}-p & \cdots & a_{2n} \\ \vdots & \vdots & & \vdots \\ a_{n1} & a_{n2} & \cdots & a_{nn}-p \end{vmatrix},$$

则 $f(p)=|\boldsymbol{A}-p\boldsymbol{E}|$. 由行列式的定义，$f(p)$ 的展开式为关于 p 的多项式，对角线元素的乘积为其 $n!$ 项中的一项，从而 $f(p)$ 的首项为 $(-1)^n p^n$，其余各项系数都是整数，因此可设

$$f(p)=(-1)^n p^n + a_{n-1}p^{n-1}+\cdots+a_1 p + a_0,$$

其中 $a_i(i=0,1,2,\cdots,n-1)$ 为整数. 如果 $f\left(\frac{1}{k}\right)=0$，则

$$f\left(\frac{1}{k}\right)=(-1)^n\frac{1}{k^n}+a_{n-1}\frac{1}{k^{n-1}}+\cdots+a_1\frac{1}{k}+a_0=0,$$

也就是 $(-1)^n+k(a_{n-1}+\cdots+a_1k^{n-2}+a_0k^{n-1})=0$，与 $a_{n-1}+\cdots+a_1k^{n-2}+a_0k^{n-1}$ 是整数矛盾，故 $f\left(\frac{1}{k}\right)\neq 0$，从而原行列式的值不等于零.

同步练习 2

1. 计算下列 n 阶行列式

(1) $$D_n=\begin{vmatrix} 2 & 4 & 4 & \cdots & 4 \\ 3 & 2 & 4 & \cdots & 4 \\ 3 & 3 & 2 & \cdots & 4 \\ \vdots & \vdots & \vdots & & \vdots \\ 3 & 3 & 3 & \cdots & 2 \end{vmatrix};$$

(2) $$D_n=\begin{vmatrix} a_1+b_1 & b_1 & b_1 & \cdots & b_1 \\ b_2 & a_2+b_2 & b_2 & \cdots & b_2 \\ b_3 & b_3 & a_3+b_3 & \cdots & b_3 \\ \vdots & \vdots & \vdots & & \vdots \\ b_n & b_n & b_n & \cdots & a_n+b_n \end{vmatrix};$$ （湖南大学，2009 年）

(3) $$D_n=\begin{vmatrix} x & y & y & \cdots & y \\ -y & x & y & \cdots & y \\ -y & -y & x & \cdots & y \\ \vdots & \vdots & \vdots & & \vdots \\ -y & -y & -y & \cdots & y \\ -y & -y & -y & \cdots & x \end{vmatrix};$$ （湖南大学，2015 年）

(4) $D_n=\begin{vmatrix} -y & -y & \cdots & -y & x \\ -y & -y & \cdots & x & y \\ -y & -y & \cdots & y & y \\ \vdots & \vdots & & \vdots & \vdots \\ -y & x & \cdots & y & y \\ x & y & \cdots & y & y \end{vmatrix}$；(湖南大学，2016 年)

2. (湖南大学，2008 年) 设 5 阶行列式：

$$D_5=\begin{vmatrix} 1 & 2 & 3 & 4 & 5 \\ 2 & 2 & 2 & 1 & 1 \\ 3 & 1 & 2 & 4 & 5 \\ 1 & 1 & 1 & 2 & 2 \\ 3 & 3 & 1 & 5 & 0 \end{vmatrix}=27;$$

试计算：$A_{41}+A_{42}+A_{43}+A_{44}+A_{44}$ 及 A_{41}，其中 $A_{4j}(j=1,2,3,4,5)$ 为 D_5 第 4 列各元素的余子式.

3. (湖南大学，2009 年) 计算 n 阶行列式

$$\begin{vmatrix} 1+x & z & & & & \\ y & 1+x & z & & & \\ & y & 1+x & \ddots & & \\ & & \ddots & \ddots & z & \\ & & & y & 1+x & z \\ & & & & y & 1+x \end{vmatrix},$$

其中：$x=yz$.

4. (湖南大学，2012 年) 计算 n 阶行列式

$$D_n=\begin{vmatrix} 3 & 2 & 0 & \cdots & 0 & 0 \\ 1 & 3 & 2 & \cdots & 0 & 0 \\ & \vdots & & & \vdots & \\ 0 & 0 & 0 & \cdots & 3 & 2 \\ 0 & 0 & 0 & \cdots & 1 & 3 \end{vmatrix}.$$

5. (湖南大学，2013 年) 计算 n 阶行列式

$$D_n=\begin{vmatrix} x & -1 & -1 & \cdots & -1 & -1 \\ 1 & x & -1 & \cdots & -1 & -1 \\ 1 & 1 & x & \cdots & -1 & -1 \\ \vdots & \vdots & \vdots & & \vdots & \vdots \\ 1 & 1 & 1 & \cdots & x & -1 \\ 1 & 1 & 1 & \cdots & 1 & 1 \end{vmatrix}.$$

6. (湖南大学，2014 年) 证明：$C_n=D_n$，其中

$$C_n=\begin{vmatrix}2&1&0&\cdots&0&0\\1&2&1&\cdots&0&0\\0&1&2&\cdots&0&0\\\vdots&\vdots&\vdots&&\vdots&\vdots\\0&0&0&\cdots&2&1\\0&0&0&\cdots&1&2\end{vmatrix},\ D_n=\begin{vmatrix}2&-1&0&\cdots&0&0\\-1&2&-1&\cdots&0&0\\0&-1&2&\cdots&0&0\\\vdots&\vdots&\vdots&&\vdots&\vdots\\0&0&0&\cdots&2&-1\\0&0&0&\cdots&-1&2\end{vmatrix}$$

并求出 C_n 的值.

7. (中南大学, 2009 年)(1) 计算行列式

$$D=\begin{vmatrix}x_1-m&x_2&\cdots&x_n\\x_1&x_2-m&\cdots&x_n\\\vdots&\vdots&&\vdots\\x_1&x_2&\cdots&x_n-m\end{vmatrix}.$$

(2) 设 $A=(a_{ij})$ 为一个 n 阶方阵, 且对任何 $i=1,2,\cdots,n$, 有

$$\sum_{j\neq i}|a_{ij}|<|a_{ii}|,$$

试证明 A 的行列式 $|A|\neq 0$.

8. (中南大学, 2010 年) 设 $a,b,p_1,p_2,\cdots,p_n\in\mathbf{R}$, $a\neq b$. 求行列式

$$D=\begin{vmatrix}p_1&a&\cdots&a\\b&p_2&\cdots&a\\\vdots&\vdots&&\vdots\\b&b&\cdots&p_n\end{vmatrix}$$

的值.

9. (中南大学, 2012 年) 计算 n 阶$(n\geqslant 1)$ 行列式

$$D_n=\begin{vmatrix}x&\alpha&\alpha&\alpha&\cdots&\alpha\\b&\alpha&\beta&\beta&\cdots&\beta\\b&\beta&\alpha&\beta&\cdots&\beta\\b&\beta&\beta&\alpha&\cdots&\beta\\\vdots&\vdots&\vdots&\vdots&&\vdots\\b&\beta&\beta&\beta&\cdots&\alpha\end{vmatrix}.$$

10. (中南大学, 2013 年) 计算 n 阶$(n\geqslant 2)$ 行列式

$$D_n=\begin{vmatrix}1&0&0&\cdots&0&k\\1&C_2^1&0&\cdots&0&k^2\\1&C_3^1&C_3^2&\cdots&0&k^3\\\vdots&\vdots&\vdots&&\vdots&\vdots\\1&C_{n-1}^1&C_{n-1}^2&\cdots&C_{n-1}^{n-2}&k^{n-1}\\1&C_n^1&C_n^2&\cdots&C_n^{n-2}&k^n\end{vmatrix},\ 其中\ k\ 为正整数.$$

11. (中南大学, 2014 年) 设 $n(n>2)$ 阶行列式 $D=|a_{ij}|$ 的每个元素都是实数, 且至少有一个不为零. 当 D 的每个元素都等于它自己的代数余子式, 求 D 的值.

12. 计算行列式

$$D=\begin{vmatrix} 1 & 2 & 3 & \cdots & n-1 & n \\ 2^2 & 3^2 & 4^2 & \cdots & n^2 & (n+1)^2 \\ 3^3 & 4^3 & 5^3 & \cdots & (n+1)^3 & (n+1)^3 \\ \vdots & \vdots & \vdots & & \vdots & \vdots \\ n^n & (n+1)^n & (n+1)^n & \cdots & (n+1)^n & (n+1)^n \end{vmatrix},\text{其中 } n \text{ 为奇数.}$$

13. (中南大学, 2018 年) 求行列式 $D=\begin{vmatrix} 1^3 & 2^3 & 3^3 & 4^3 \\ 2^3 & 3^3 & 4^3 & 5^3 \\ 3^3 & 4^3 & 5^3 & 6^3 \\ 4^3 & 5^3 & 6^3 & 7^3 \end{vmatrix}$.

14. (中南大学, 2020 年) 计算行列式

$$\begin{vmatrix} 1 & 1 & 1 & \cdots & 1 \\ x_1 & x_2 & x_3 & \cdots & x_n \\ x_1^2 & x_2^2 & x_3^2 & \cdots & x_n^2 \\ \vdots & \vdots & \vdots & & \vdots \\ x_1^{n-2} & x_2^{n-2} & x_3^{n-2} & \cdots & x_n^{n-2} \\ x_1^{n+1} & x_2^{n+1} & x_3^{n+1} & \cdots & x_n^{n+1} \end{vmatrix}.$$

15. (湖南师范大学, 2009 年)(1) 计算行列式

$$\begin{vmatrix} 1 & 2 & 3 & 4 \\ 2 & 3 & 4 & 1 \\ 3 & 4 & 1 & 2 \\ 4 & 3 & 2 & 1 \end{vmatrix};$$

(2) 设 A, B 均为 n 阶单位矩阵, E 为 n 阶单位矩阵, 证明: $|xE-AB|=|xE-BA|$.

16. (湖南师范大学, 2010 年, 2018 年) 计算行列式:

$$D=\begin{vmatrix} a+x_1 & a+x_1^2 & \cdots & a+x_1^n \\ a+x_2 & a+x_2^2 & \cdots & a+x_2^n \\ \vdots & \vdots & & \vdots \\ a+x_n & a+x_n^2 & \cdots & a+x_n^n \end{vmatrix}.$$

17. (湖南师范大学, 2011 年) 计算 $n(n\geqslant 2)$ 阶行列式

$$D_n=\begin{vmatrix} \cos\alpha & 1 & 0 & 0 & \cdots & 0 & 0 \\ 1 & 2\cos\alpha & 1 & 0 & \cdots & 0 & 0 \\ 0 & 1 & 2\cos\alpha & 1 & \cdots & 0 & 0 \\ 0 & 0 & 1 & 2\cos\alpha & \cdots & 0 & 0 \\ \vdots & \vdots & \vdots & \vdots & & \vdots & \vdots \\ 0 & 0 & 0 & 0 & \cdots & 2\cos\alpha & 1 \\ 0 & 0 & 0 & 0 & \cdots & 1 & 2\cos\alpha \end{vmatrix}.$$

18. (湖南师范大学, 2012 年) 计算 $n(n\geqslant 2)$ 行列式:

$$D=\begin{vmatrix}1&2&2&\cdots&2\\2&2&2&\cdots&2\\2&2&3&\cdots&2\\\vdots&\vdots&\vdots&&\vdots\\2&2&2&\cdots&n\end{vmatrix}.$$

19.（湖南师范大学，2013 年）计算 n 阶行列式

$$D_n=\begin{vmatrix}1+x&2&3&\cdots&n\\x&1&2&\cdots&n-1\\x&x&1&\cdots&n-2\\\vdots&\vdots&\vdots&&\vdots\\x&x&x&\cdots&1\end{vmatrix}.$$

20.（湖南师范大学，2014 年）计算 n 阶多项式

$$D_n=\begin{vmatrix}2&4&4&\cdots&4\\3&2&4&\cdots&4\\3&3&2&\cdots&4\\\vdots&\vdots&\vdots&&\vdots\\3&3&3&\cdots&2\end{vmatrix}.$$

21.（湖南师范大学，2016 年）计算 n 阶行列式

$$D_n=\begin{vmatrix}1&2&3&\cdots&n\\n&1&2&\cdots&n-1\\n-1&n&1&\cdots&n-2\\\vdots&\vdots&\vdots&&\vdots\\2&3&4&\cdots&1\end{vmatrix}.$$

22.（湖南师范大学，2017 年）计算下面 n 阶行列式(空白处都是 0)

$$\begin{vmatrix}b_{n-1}&&&&a_n\\\vdots&&&\iddots&\\b_2&&a_3&&\\b_1&a_2&&&\\a_1&c_1&c_2&\cdots&c_{n-1}\end{vmatrix}.$$

23.（湖南师范大学，2020 年）计算 n 阶行列式

$$D_n=\begin{vmatrix}1&\frac{1}{2}&\cdots&\frac{1}{n}\\\frac{1}{2}&\frac{1}{3}&\cdots&\frac{1}{n+1}\\\vdots&\vdots&&\vdots\\\frac{1}{n}&\frac{1}{n+1}&\cdots&\frac{1}{2n-1}\end{vmatrix}.$$

第 3 章　线性方程组

数学研究的本质就是由已知求未知，各类方程就是研究的手段，本章讨论线性方程组解的一般问题.

一、基本概念与重要结论

方程的三种**同解变换**：

(1) 交换两个方程的位置；

(2) 一个方程的两边同乘一个不为零的数；

(3) 一个方程乘一个数加到另外一个方程.

在这个基础上，我们可以讨论下面的方法.

对于一般的线性方程组

$$\begin{cases} a_{11}x_1 + a_{12}x_2 + \cdots + a_{1n}x_n = b_1 \\ a_{21}x_1 + a_{22}x_2 + \cdots + a_{2n}x_n = b_2 \\ \quad\vdots \\ a_{n1}x_1 + a_{n2}x_2 + \cdots + a_{mn}x_n = b_m \end{cases} \tag{3.1}$$

矩阵

$$\boldsymbol{A} = \begin{pmatrix} a_{11} & a_{12} & \cdots & a_{1n} \\ a_{21} & a_{22} & \cdots & a_{2n} \\ \vdots & \vdots & & \vdots \\ a_{m1} & a_{m2} & \cdots & a_{mn} \end{pmatrix}$$

称为方程组(3.1) 的**系数矩阵**，

矩阵

$$\overline{\boldsymbol{A}} = (\boldsymbol{A}, \boldsymbol{b}) = \begin{pmatrix} a_{11} & a_{12} & \cdots & a_{1n} & b_1 \\ a_{21} & a_{22} & \cdots & a_{2n} & b_2 \\ \vdots & \vdots & & \vdots & \vdots \\ a_{m1} & a_{m2} & \cdots & a_{mn} & b_m \end{pmatrix}$$

称为方程组(3.1) 的**增广矩阵**.

下面在同解的情况下讨论方程组(3.1) 的解的相关问题.

对于一般的线性方程组(3.1)，我们总可以将其增广矩阵经过初等行变换和列的对调，化为如下简化**阶梯形矩阵**：

$$\begin{pmatrix} 1 & 0 & \cdots & 0 & c_{1,r+1} & \cdots & c_{1n} & d_1 \\ 0 & 1 & \cdots & 0 & c_{2,r+1} & \cdots & c_{2n} & d_2 \\ \vdots & \vdots & & \vdots & \vdots & & \vdots & \vdots \\ 0 & 0 & \cdots & 1 & c_{r,r+1} & \cdots & c_{rn} & d_r \\ 0 & 0 & \cdots & 0 & 0 & \cdots & 0 & d_{r+1} \\ \vdots & \vdots & & \vdots & \vdots & & \vdots & \vdots \\ 0 & 0 & \cdots & 0 & 0 & \cdots & 0 & d_m \end{pmatrix}$$

其中 $r \leqslant m$, $r \leqslant n$, d_{r+1}, $\cdots$, d_m 可能全部等于0, 也可能不全等于0. 此阶梯形矩阵对应的线性方程组与方程组(3.1) **同解**, 其解有如下三种情况:

(1) 若 d_{r+1}, $\cdots$, d_m 不全等于0, 不妨设 $d_{r+1} \neq 0$, 此时出现矛盾方程 $0 = d_{r+1}$, 所以这种情况下方程组(3.1) 无解;

(2) 若 d_{r+1}, $\cdots$, d_m 全部等于0, 且 $r = n$, 此时方程组(3.1) 有唯一解:

$$x_1 = d_1,\ x_2 = d_2,\ \cdots,\ x_n = d_n;$$

(3) 若 d_{r+1}, $\cdots$, d_m 全部等于0, 且 $r < n$, 则此时方程组(3.1) 有无穷多组解:

$$\begin{cases} x_1 = d_1 - c_{1,r+1}x_{r+1} - \cdots - c_{1n}x_n \\ x_2 = d_2 - c_{2,r+1}x_{r+1} - \cdots - c_{2n}x_n \\ \vdots \\ x_n = d_n - c_{r,r+1}x_{r+1} - \cdots - c_{rn}x_n \end{cases}$$

其中 x_{r+1}, $\cdots$, x_n 为自由未知量.

方程组(3.1) 对应的齐次线性方程组为:

$$\begin{cases} a_{11}x_1 + a_{12}x_2 + \cdots + a_{1n}x_n = 0 \\ a_{21}x_1 + a_{22}x_2 + \cdots + a_{2n}x_n = 0 \\ \vdots \\ a_{n1}x_1 + a_{n2}x_2 + \cdots + a_{mn}x_n = 0 \end{cases} \tag{3.2}$$

记为 $\boldsymbol{Ax} = \boldsymbol{0}$. 齐次线性方程组(3.2) 的**解有如下性质**:

(1) 若 $\boldsymbol{x} = \boldsymbol{\xi}_1$, $\boldsymbol{x} = \boldsymbol{\xi}_2$ 为齐次线性方程组(3.2) 的两个解, 则 $\boldsymbol{x} = \boldsymbol{\xi}_1 + \boldsymbol{\xi}_2$ 也是齐次线性方程组(3.2) 的解, 即齐次线性方程组的任意两个解之和还是它的解.

(2) 若 $\boldsymbol{x} = \boldsymbol{\xi}$ 是齐次线性方程组(3.2) 的一个解, k 为任意常数, 则 $\boldsymbol{x} = k\boldsymbol{\xi}$ 也是齐次线性方程组(3.2) 的解, 即齐次线性方程组的解的任意倍数还是它的解.

记

$$\boldsymbol{B} = \begin{pmatrix} 1 & 0 & \cdots & 0 & c_{11} & c_{12} & \cdots & c_{1n-r} \\ 0 & 1 & \cdots & 0 & c_{21} & c_{22} & \cdots & c_{2n-r} \\ \vdots & \vdots & & \vdots & \vdots & \vdots & & \vdots \\ 0 & 0 & \cdots & 1 & c_{r1} & c_{r2} & \cdots & c_{rn-r} \\ 0 & 0 & \cdots & 0 & 0 & 0 & \cdots & 0 \\ \vdots & \vdots & & \vdots & \vdots & \vdots & & \vdots \\ 0 & 0 & \cdots & 0 & 0 & 0 & \cdots & 0 \end{pmatrix},$$

则矩阵 $\boldsymbol{B}$ 所对应的方程组为

$$\begin{cases}x_1=-c_{11}x_{r+1}-c_{12}x_{r+2}-\cdots-c_{1n-r}x_n\\x_2=-c_{21}x_{r+1}-c_{22}x_{r+2}-\cdots-c_{2n-r}x_n\\\vdots\\x_r=-c_{r1}x_{r+1}-c_{r2}x_{r+2}-\cdots-c_{rn-r}x_n\end{cases}\tag{3.3}$$

方程组(3.3) 的 $n-r$ 个解为:

$$\boldsymbol{\xi}_1=\begin{pmatrix}-c_{11}\\\vdots\\-c_{r1}\\1\\0\\\vdots\\0\end{pmatrix},\boldsymbol{\xi}_2=\begin{pmatrix}-c_{12}\\\vdots\\-c_{r2}\\0\\1\\\vdots\\0\end{pmatrix},\cdots,\boldsymbol{\xi}_{n-r}=\begin{pmatrix}-c_{1n-r}\\\vdots\\-c_{rn-r}\\0\\0\\\vdots\\1\end{pmatrix}.$$

设 $\boldsymbol{x}=(x_1,\cdots,x_r,k_1,\cdots,k_{n-r})^{\mathrm{T}}$ 为方程组(3.3) 的任一解，则

$$\boldsymbol{x}=\begin{pmatrix}-c_{11}k_1-c_{12}k_2-\cdots-c_{1n-r}k_{n-r}\\-c_{21}k_1-c_{22}k_2-\cdots-c_{2n-r}k_{n-r}\\\vdots\\-c_{r1}k_1-c_{r2}k_2-\cdots-c_{rn-r}k_{n-r}\\k_1\\k_2\\\vdots\\k_{n-r}\end{pmatrix}=k_1\begin{pmatrix}-b_{11}\\-b_{21}\\\vdots\\-b_{r1}\\1\\0\\\vdots\\0\end{pmatrix}+k_2\begin{pmatrix}-b_{12}\\-b_{22}\\\vdots\\-b_{r2}\\0\\1\\\vdots\\0\end{pmatrix}+\cdots+k_{n-r}\begin{pmatrix}-b_{1n-r}\\-b_{2n-r}\\\vdots\\-b_{rn-r}\\0\\0\\\vdots\\1\end{pmatrix}$$

$$=k_1\boldsymbol{\xi}_1+k_2\boldsymbol{\xi}_2+\cdots+k_{n-r}\boldsymbol{\xi}_{n-r}.$$

因而，方程组(3.2) 的任一解可由 $\boldsymbol{\xi}_1,\boldsymbol{\xi}_2,\cdots,\boldsymbol{\xi}_{n-r}$ 线性表示，所以 $\boldsymbol{\xi}_1,\boldsymbol{\xi}_2,\cdots,\boldsymbol{\xi}_{n-r}$ 为其一个**基础解系**，此时方程组(3.2) 的通解为 $x=k_1\boldsymbol{\xi}_1+k_2\boldsymbol{\xi}_2+\cdots+k_{n-r}\boldsymbol{\xi}_{n-r}$.

n 元齐次方程组(3.2) 只有零解的充分必要条件是 $r(\boldsymbol{A})=n$，有非零解的充分必要条件是 $r(\boldsymbol{A})=r<n$. 当 $r(\boldsymbol{A})=r<n$ 时，方程组(3.2) 的任一基础解系中含有 $n-r$ 个解向量.

对非齐次线性方程组(3.1)，记为 $\boldsymbol{Ax}=\boldsymbol{b}$. 由其导出的齐次线性方程组为 $\boldsymbol{Ax}=\boldsymbol{0}$，则

(1) 方程组(3.1) 有解的充要条件为 $r(\boldsymbol{A})=r(\bar{\boldsymbol{A}})$.

(2) 若 $\boldsymbol{\eta}_1,\boldsymbol{\eta}_2$ 为方程组(3.1) 的两个解，则 $\boldsymbol{\eta}_1-\boldsymbol{\eta}_2$ 是其导出的齐次线性方程组 $\boldsymbol{Ax}=0$ 的解.

(3) 若 $\boldsymbol{\xi}$ 为方程组 $\boldsymbol{Ax}=\boldsymbol{0}$ 的解，$\boldsymbol{\eta}$ 为方程组 $\boldsymbol{Ax}=\boldsymbol{b}$ 的解，则 $\boldsymbol{\xi}+\boldsymbol{\eta}$ 是方程组(3.1) 的解.

进一步，当 $r(\boldsymbol{A})=r(\bar{\boldsymbol{A}})=n$ 时，齐次线性方程组 $\boldsymbol{Ax}=\boldsymbol{0}$ 有唯一解；当 $r(\boldsymbol{A})=r(\bar{\boldsymbol{A}})=r<n$ 时，方程组 $\boldsymbol{Ax}=\boldsymbol{0}$ 有无穷多解；若 $\boldsymbol{\xi}_1,\boldsymbol{\xi}_2,\cdots,\boldsymbol{\xi}_{n-r}$ 为 $\boldsymbol{Ax}=\boldsymbol{0}$ 的基础解系，$\boldsymbol{\eta}$ 是方程组(3.1) 的一个解，则方程组 $\boldsymbol{Ax}=\boldsymbol{b}$ 的通解为

$$\boldsymbol{x}=k_1\boldsymbol{\xi}_1+k_2\boldsymbol{\xi}_2+\cdots+k_{n-r}\boldsymbol{\xi}_{n-r}+\boldsymbol{\eta},$$

其中 $\boldsymbol{\eta}=(d_1,\cdots,d_r,0,\cdots,0)^{\mathrm{T}}$.

二、典型例题选讲

例 3.1　λ 为何值时，如下方程组

$$\begin{cases}\lambda x_1+x_2+x_3=1\\x_1+\lambda x_2+x_3=\lambda\\x_1+x_2+\lambda x_3=\lambda^2\end{cases}\tag{3.4}$$

只有零解？有非零解？并求解.

解：方程组(3.4)的增广矩阵为

$$\overline{A}=\begin{pmatrix}\lambda&1&1&1\\1&\lambda&1&\lambda\\1&1&\lambda&\lambda^2\end{pmatrix}\xrightarrow{r_1\leftrightarrow r_3}\begin{pmatrix}1&1&\lambda&\lambda^2\\1&\lambda&1&\lambda\\\lambda&1&1&1\end{pmatrix}$$

$$\xrightarrow[r_3-\lambda r_1]{r_2-r_1}\begin{pmatrix}1&1&\lambda&\lambda^2\\0&\lambda-1&1-\lambda&\lambda-\lambda^2\\0&1-\lambda&1-\lambda^2&1-\lambda^3\end{pmatrix}\xrightarrow[\frac{1}{\lambda-1}r_2,\ \frac{1}{1-\lambda}r_3]{\lambda\neq 1}\begin{pmatrix}1&1&\lambda&\lambda^2\\0&1&-1&-\lambda\\0&1&\lambda+1&\lambda^2+\lambda+1\end{pmatrix}$$

$$\xrightarrow{r_3-r_2}\begin{pmatrix}1&1&\lambda&\lambda^2\\0&1&-1&-\lambda\\0&0&\lambda+2&\lambda^2+2\lambda+1\end{pmatrix}$$

所以，

(1) 当 $\lambda=-2$ 时，$r(\boldsymbol{A})\neq r(\overline{\boldsymbol{A}})$，方程组(3.4)无解；

(2) 当 $\lambda\neq-2,1$ 时，$r(\boldsymbol{A})=r(\overline{\boldsymbol{A}})=3$，方程组(3.4)有唯一解：

$$x_1=\frac{-\lambda-1}{\lambda+2},\ x_2=\frac{1}{\lambda+2},\ x_3=\frac{\lambda^2+2\lambda+1}{\lambda+2}.$$

(3) 当 $\lambda=1$ 时，$r(A)=r(\overline{\boldsymbol{A}})<3$，方程组(3.4)有无穷多组解：

$$\begin{pmatrix}x_1\\x_2\\x_3\end{pmatrix}=\begin{pmatrix}1\\0\\0\end{pmatrix}+c_1\begin{pmatrix}-1\\1\\0\end{pmatrix}+c_2\begin{pmatrix}-1\\0\\1\end{pmatrix},\ c_1,\ c_2\text{ 为任意常数.}$$

例 3.2　问 λ 为何值时，非齐次线性方程组

$$\begin{cases}\lambda x_1+\lambda x_2+2x_3=1\\\lambda x_1+(2\lambda-1)x_2+3x_3=1\\\lambda x_1+\lambda x_2+(\lambda+3)x_3=2\lambda+3\end{cases}\tag{3.5}$$

有唯一解？无解？有无穷多解？有解时求出解.

解　方法一：因为

$$\overline{\boldsymbol{A}}=\begin{pmatrix}\lambda&\lambda&2&1\\\lambda&2\lambda-1&3&1\\\lambda&\lambda&\lambda+3&2\lambda+3\end{pmatrix}\xrightarrow[r_3-r_1]{r_2-r_1}\begin{pmatrix}\lambda&\lambda&2&1\\0&\lambda-1&1&0\\0&0&\lambda+1&2\lambda+2\end{pmatrix}$$

(1) 当 $\lambda \neq -1, 0, 1$ 时, $r(\boldsymbol{A})=r(\overline{\boldsymbol{A}})=3$, 方程组(3.5) 有唯一解;

$$\overline{\boldsymbol{A}} \to \begin{pmatrix} \lambda & \lambda & 2 & 1 \\ 0 & \lambda-1 & 1 & 0 \\ 0 & 0 & \lambda+1 & 2\lambda+2 \end{pmatrix} \xrightarrow[\frac{1}{\lambda}r_1,\ \frac{1}{\lambda-1}r_2,\ \frac{1}{\lambda+1}r_3]{} \begin{pmatrix} 1 & 1 & \frac{2}{\lambda} & \frac{1}{\lambda} \\ 0 & 1 & \frac{1}{\lambda-1} & 0 \\ 0 & 0 & 1 & 2 \end{pmatrix}$$

$$\xrightarrow[r_2-\frac{1}{\lambda-1}r_3]{} \begin{pmatrix} 1 & 1 & \frac{2}{\lambda} & \frac{1}{\lambda} \\ 0 & 1 & 0 & -\frac{2}{\lambda-1} \\ 0 & 0 & 1 & 2 \end{pmatrix} \xrightarrow[r_1-r_2-\frac{2}{\lambda}r_3]{} \begin{pmatrix} 1 & 0 & 0 & \frac{3-\lambda}{\lambda^2-\lambda} \\ 0 & 1 & 0 & \frac{2}{1-\lambda} \\ 0 & 0 & 1 & 2 \end{pmatrix}$$

故方程组(3.5) 有唯一解为: $\begin{pmatrix} x_1 \\ x_2 \\ x_3 \end{pmatrix} = \begin{pmatrix} \frac{3-\lambda}{\lambda^2-\lambda} \\ \frac{2}{1-\lambda} \\ 2 \end{pmatrix}$.

(2) 当 $\lambda=-1$ 时

$$\overline{\boldsymbol{A}} \to \begin{pmatrix} -1 & -1 & 2 & 1 \\ 0 & -2 & 1 & 0 \\ 0 & 0 & 0 & 0 \end{pmatrix} \xrightarrow[-\frac{1}{2}r_2,]{} \begin{pmatrix} -1 & -1 & 2 & 1 \\ 0 & 1 & -\frac{1}{2} & 0 \\ 0 & 0 & 0 & 0 \end{pmatrix}$$

$$\xrightarrow[r_1+r_2]{} \begin{pmatrix} -1 & 0 & \frac{3}{2} & 1 \\ 0 & 1 & -\frac{1}{2} & 0 \\ 0 & 0 & 0 & 0 \end{pmatrix} \xrightarrow[-r_1,]{} \begin{pmatrix} 1 & 0 & -\frac{3}{2} & -1 \\ 0 & 1 & -\frac{1}{2} & 0 \\ 0 & 0 & 0 & 0 \end{pmatrix}$$

从而同解方程组为

$$\begin{cases} x_1 = \frac{3}{2}x_3 - 1 \\ x_2 = \frac{1}{2}x_3 \end{cases},$$

其通解为

$$\begin{pmatrix} x_1 \\ x_2 \\ x_3 \end{pmatrix} = \begin{pmatrix} \frac{3}{2}k-1 \\ \frac{1}{2}k \\ k \end{pmatrix} = k\begin{pmatrix} \frac{3}{2} \\ \frac{1}{2} \\ 1 \end{pmatrix} + \begin{pmatrix} -1 \\ 0 \\ 0 \end{pmatrix} \quad (k\ 为任意实数).$$

所以, 当 $\lambda=-1$ 时, 方程组(3.5) 有无穷多解;

(3) 当 $\lambda=0$ 时

$$\overline{A}\rightarrow\begin{pmatrix}0&0&2&1\\0&-1&1&0\\0&0&1&2\end{pmatrix}\xrightarrow{r_1\leftrightarrow r_2}\begin{pmatrix}0&-1&1&0\\0&0&2&1\\0&0&1&2\end{pmatrix}\xrightarrow{r_3-\frac{1}{2}r_2}\begin{pmatrix}0&-1&1&0\\0&0&2&1\\0&0&0&\frac{3}{2}\end{pmatrix}$$

则 $r(A)=2$，$r(\overline{A})=3$，所以，当 $\lambda=0$ 时，方程组(3.5) 无解.

(4) 当 $\lambda=1$ 时

$$\overline{A}\rightarrow\begin{pmatrix}1&1&2&1\\0&0&1&0\\0&0&2&4\end{pmatrix}\xrightarrow{r_3-2r_2}\begin{pmatrix}1&1&2&1\\0&0&1&0\\0&0&0&4\end{pmatrix}$$

则 $r(\boldsymbol{A})=2$，$r(\overline{\boldsymbol{A}})=3$，所以，当 $\lambda=1$ 时，方程组(3.5) 无解.

方法二：

由于方程组(3.5) 含三个方程三个未知数，所以也可以考虑系数行列式

$$D=\begin{vmatrix}\lambda&\lambda&2\\\lambda&2\lambda-1&3\\\lambda&\lambda&\lambda+3\end{vmatrix}=\begin{vmatrix}\lambda&\lambda&2\\0&\lambda-1&1\\0&0&\lambda+1\end{vmatrix}$$
$$=\lambda(\lambda-1)(\lambda+1).$$

(1) 当 $D\neq 0$ 时，即 $\lambda\neq -1, 0, 1$ 时方程组(3.5) 有唯一解. 用克莱姆法则或初等行变换求得唯一解为

$$\begin{pmatrix}x_1\\x_2\\x_3\end{pmatrix}=\begin{pmatrix}\dfrac{3-\lambda}{\lambda^2-\lambda}\\\dfrac{2}{1-\lambda}\\2\end{pmatrix}.$$

(2)$\lambda=1$ 时，方程组(3.5) 为

$$\begin{cases}-x_1-x_2+2x_3=1\\-x_1-3x_2+3x_3=1,\\-x_1-x_2+2x_3=1\end{cases}$$

则

$$\overline{A}=\begin{pmatrix}-1&-1&2&1\\-1&-3&3&1\\-1&-1&2&1\end{pmatrix}\rightarrow\begin{pmatrix}1&0&-\frac{3}{2}&-1\\0&1&-\frac{1}{2}&0\\0&0&0&0\end{pmatrix}.$$

所以 $r(\boldsymbol{A})=r(\overline{\boldsymbol{A}})=2<3$，方程组(3.5) 有无穷多解，其通解为

$$\begin{pmatrix}x_1\\x_2\\x_3\end{pmatrix}=k\begin{pmatrix}\frac{3}{2}\\\frac{1}{2}\\1\end{pmatrix}+\begin{pmatrix}-1\\0\\0\end{pmatrix}\quad(k\text{ 为任意实数}).$$

(3)$\lambda=0$ 时，方程组(3.5) 为

$$\begin{cases}2x_3 = 1\\ -x_2 + 3x_3 = 1\\ 3x_3 = 3\end{cases}$$

即

$$\begin{cases}x_3 = \dfrac{1}{2}\\ -x_2 + 3x_3 = 1,\\ x_3 = 1\end{cases}$$

所以，方程组(3.5)无解.

(4)$\lambda = 1$时，方程组(3.5)为

$$\begin{cases}x_1 + x_2 + 2x_3 = 1\\ x_1 + x_2 + 3x_3 = 1\\ x_1 + x_2 + 4x_3 = 5\end{cases}$$

即

$$\begin{cases}x_1 + x_2 + x_3 = 1\\ x_3 = 0\\ x_3 = 2\end{cases},$$

所以方程组(3.5)无解.

注：求解含参数线性方程组时，一般可采取如下方法：

(1)当线性方程组中方程的个数与未知数的个数相同时，可利用克莱姆法则，即计算系数行列式$|\boldsymbol{A}|$，对于使得$|\boldsymbol{A}|\neq 0$的参数值，方程组有唯一解，在方程组的未知数n不高时，可以运用克莱姆法则求出唯一解；而对于使得$|\boldsymbol{A}|=0$的参数值，则列出增广矩阵$\overline{\boldsymbol{A}}$，用消元法来求解.

(2)对方程组的增广矩阵$\overline{\boldsymbol{A}}$通过初等行变换化成阶梯型矩阵，再根据$r(\overline{\boldsymbol{A}})=r(\boldsymbol{A})$是否成立，来讨论参数在什么情况下原方程组有解与无解，有解时就求出一般解.

例3.3 设$\boldsymbol{A}$为$m\times n$矩阵，$\boldsymbol{B}$为$n\times s$矩阵. 若$\boldsymbol{AB}=\boldsymbol{O}$，则$r(\boldsymbol{A})+r(\boldsymbol{B})\leqslant n$.

证明：$\boldsymbol{B}$的列向量都是齐次方程$\boldsymbol{AX}=0$的解，$\boldsymbol{B}$的列空间是齐次方程$\boldsymbol{AX}=0$的解空间的子空间；$\boldsymbol{B}$的列秩小于等于齐次方程$\boldsymbol{AX}=0$的基础解系向量的个数；故$r(\boldsymbol{A})+r(\boldsymbol{B})\leqslant n$..

注：本题的另一解法见第4章的例4.9.

例3.4 （湖南师范大学，2016年）设$\boldsymbol{A}$为方阵，用$\boldsymbol{r}(\boldsymbol{A})$表示矩阵$\boldsymbol{A}$的秩，证明：如果$r(\boldsymbol{A})=r(\boldsymbol{A}^2)$，则$r(\boldsymbol{A}^2)=r(\boldsymbol{A}^3)$.

证明：若$\boldsymbol{X}$是方程$\boldsymbol{AX}=0$的解，则$\boldsymbol{A}^2\boldsymbol{X}=\boldsymbol{A}(\boldsymbol{AX})=0$，所以$\boldsymbol{X}$也是方程$\boldsymbol{A}^2\boldsymbol{X}=0$的解.

若$r(\boldsymbol{A})=r(\boldsymbol{A}^2)$，则方程$\boldsymbol{A}^2X=0$的基础解系就是方程$\boldsymbol{AX}=0$的基础解系，故方程$\boldsymbol{AX}=0$与方程$\boldsymbol{A}^2\boldsymbol{X}=0$同解. 同样，方程$\boldsymbol{A}^2\boldsymbol{X}=0$的解是方程$\boldsymbol{A}^3\boldsymbol{X}=0$的解.

若$\boldsymbol{X}$是方程$\boldsymbol{A}^3\boldsymbol{X}=0$的解，$\boldsymbol{A}^3\boldsymbol{X}=0$，则$\boldsymbol{A}^2(\boldsymbol{AX})=0$，$\boldsymbol{AX}$是方程$\boldsymbol{A}^2\boldsymbol{X}=0$的解，也是方程$\boldsymbol{AX}=0$的解. 从而$\boldsymbol{A}^2\boldsymbol{X}=\boldsymbol{A}(\boldsymbol{AX})=0$，$\boldsymbol{X}$也是方程$\boldsymbol{A}^2\boldsymbol{X}=0$的解. 表明方程$\boldsymbol{A}^2\boldsymbol{X}=0$与方程$\boldsymbol{A}^3\boldsymbol{X}=0$同解. 综上可得$\boldsymbol{r}(\boldsymbol{A}^2)=\boldsymbol{r}(\boldsymbol{A}^3)$.

例3.5 （中南大学，2013年）若$\boldsymbol{A}$，$\boldsymbol{B}$分别为$m\times n$和$n\times m$阶矩阵，满足$\boldsymbol{ABA}=\boldsymbol{A}$，$\boldsymbol{b}$

是一个 m 维列向量，证明：方程 $\boldsymbol{AX}=\boldsymbol{b}$ 有解的充分必要条件是 $\boldsymbol{ABb}=\boldsymbol{b}$，且在有解时，通解为：

$$\boldsymbol{X}=\boldsymbol{Bb}-(\boldsymbol{E}_n-\boldsymbol{BA})\boldsymbol{Y},$$

其中 $\boldsymbol{E}_n$ 为 n 阶单位矩阵，$\boldsymbol{Y}$ 为任意 n 维列向量.

证明： 若 $\boldsymbol{ABb}=\boldsymbol{b}$，则 $\boldsymbol{X}=\boldsymbol{Bb}$ 就是方程 $\boldsymbol{AX}=\boldsymbol{b}$ 的解；反之，若 $\boldsymbol{X}$ 就是方程 $\boldsymbol{AX}=\boldsymbol{b}$ 的解，则 $\boldsymbol{ABAX}=\boldsymbol{ABb}$. 又 $\boldsymbol{ABA}=\boldsymbol{A}$，$\boldsymbol{ABAX}=\boldsymbol{AX}=\boldsymbol{b}$，所以 $\boldsymbol{ABb}=\boldsymbol{b}$.

由于 $\boldsymbol{ABA}=\boldsymbol{A}$，则 $\boldsymbol{A}-\boldsymbol{ABA}=0$，$\boldsymbol{A}(\boldsymbol{E}-\boldsymbol{BA})=0$，即 $\boldsymbol{E}-\boldsymbol{BA}$ 的列向量都是齐次方程 $\boldsymbol{AX}=\boldsymbol{0}$ 的解. 又 $r(\boldsymbol{A})+r(\boldsymbol{E}-\boldsymbol{BA})\leqslant n$，$r(\boldsymbol{A})\geqslant r(\boldsymbol{BA})$，则

$$r(\boldsymbol{A})+r(\boldsymbol{E}-\boldsymbol{BA})\geqslant r(\boldsymbol{BA})+r(\boldsymbol{E}-\boldsymbol{BA})\geqslant r(\boldsymbol{BA}+\boldsymbol{E}-\boldsymbol{BA})=n$$

所以 $r(\boldsymbol{A})+r(\boldsymbol{E}-\boldsymbol{BA})=n$. 从而 $\boldsymbol{E}-\boldsymbol{BA}$ 的列空间就是齐次方程 $\boldsymbol{AX}=0$ 的解空间. 又 $\boldsymbol{X}=\boldsymbol{Bb}$ 是方程 $\boldsymbol{AX}=\boldsymbol{b}$ 的一个特解，故方程 $\boldsymbol{AX}=\boldsymbol{b}$ 通解为：

$$\boldsymbol{X}=\boldsymbol{Bb}-(\boldsymbol{E}_n-\boldsymbol{BA})\boldsymbol{Y},$$

其中 $\boldsymbol{Y}$ 为任意 n 维列向量.

同步练习 3

1. (湖南大学，2007 年) 设 $\boldsymbol{A}=(a_{ij})$ 是数域 $\boldsymbol{K}$ 上的一个 n 阶矩阵，且 $a_{ij}=a_i-b_j$.

(1) 求 $|\boldsymbol{A}|$；

(2) 当 $n\geqslant 2$，且 $a_1\neq a_2$，$b_1\neq b_2$ 时，求齐次线性方程组 $\boldsymbol{AX}=\boldsymbol{0}$ 的解空间的维数和一组基.

2. (湖南大学，2007 年) 试求解线性方程组

$$\begin{cases} x_1+x_2+\cdots+x_n=1; \\ x_2+x_3+\cdots x_{n+1}=2; \\ \vdots \\ x_{n+1}+x_{n+2}+\cdots+x_{2n}=n+1. \end{cases}$$

3. (湖南大学，2008 年) 设 $\boldsymbol{A}=(a_{ij})_{n\times n}$，$\boldsymbol{b}=(b_1,b_2,\cdots,b_n)^{\mathrm{T}}$，试证：

(1) 若方程组 $\boldsymbol{Ay}=\boldsymbol{b}$ 有解，则方程组 $\boldsymbol{A}^{\mathrm{T}}\boldsymbol{X}=0$ 的任一解 $\boldsymbol{x}_1,\boldsymbol{x}_2,\cdots,\boldsymbol{x}_n$，必满足方程 $b_1\boldsymbol{x}_1+b_2\boldsymbol{x}_2+\cdots+b_n\boldsymbol{x}_n=0$；

(2) 方程组 $\boldsymbol{Ay}=\boldsymbol{b}$ 有解的充分必要条件是 $\begin{pmatrix}\boldsymbol{A}^{\mathrm{T}}\\ \boldsymbol{b}^{\mathrm{T}}\end{pmatrix}\boldsymbol{x}=\begin{pmatrix}0\\1\end{pmatrix}$ 无解.

4. (湖南大学，2009 年) 设 $\boldsymbol{A}$，$\boldsymbol{B}$ 均为 n 阶方阵，证明：

(1) $r(\boldsymbol{AB})=r(\boldsymbol{B})$ 的充要条件是方程组 $\boldsymbol{ABx}=\boldsymbol{0}$ 和 $\boldsymbol{Bx}=\boldsymbol{0}$ 同解；

(2) 证明 $r(\boldsymbol{A}^n)=r(\boldsymbol{A}^{n+1})$.

5. (湖南大学，2011 年) 设矩阵 $\boldsymbol{A}$，$\boldsymbol{B}$ 分别为 $m\times n$ 和 $n\times m$ 阶矩阵，$\boldsymbol{C}$ 为 n 阶可逆矩阵，且矩阵 $\boldsymbol{A}$ 的秩为 $r(r<n)$. 并且 $\boldsymbol{A}(\boldsymbol{C}+\boldsymbol{BA})=\boldsymbol{0}$，证明：

(1) 矩阵 $\boldsymbol{C}+\boldsymbol{BA}$ 的秩为 $n-r$；

(2) 线性方程组 $\boldsymbol{AX}=0$ 的通解为 $\boldsymbol{x}=(\boldsymbol{C}+\boldsymbol{BA})\boldsymbol{z}$，其中 $\boldsymbol{z}$ 为任意的 n 维列向量.

6. (湖南大学，2012 年) 设 $\boldsymbol{A}$ 是 $m\times n$ 阶实矩阵，$r(\boldsymbol{A})$ 为矩阵 A 的秩，证明：

(1) $r(\boldsymbol{A})=r(\boldsymbol{A}'\boldsymbol{A})$；

(2) 对任意 m 维实向量 $\boldsymbol{b}$，线性方程组 $\boldsymbol{A}'\boldsymbol{A}\boldsymbol{x}=\boldsymbol{A}'\boldsymbol{b}$ 必定有解.

7. (湖南大学，2013 年) 设 $\boldsymbol{A}$，$\boldsymbol{B}$ 均为实数域上的 n 阶方阵，$r(\boldsymbol{A})$ 和 $r(\boldsymbol{B})$ 分别表示矩阵 $\boldsymbol{A}$ 和矩阵 $\boldsymbol{B}$ 的秩，证明：

(1) 若 $\boldsymbol{AB}=\boldsymbol{0}$，则 $r(\boldsymbol{A})+r(\boldsymbol{B})\leqslant n$；

(2) 若 $\boldsymbol{Ax}=\boldsymbol{0}$ 与 $\boldsymbol{Bx}=\boldsymbol{0}$ 同解当且仅当 n 阶方阵 $\boldsymbol{P}$ 和 $\boldsymbol{Q}$，使得 $\boldsymbol{A}=\boldsymbol{PB}$ 和 $\boldsymbol{B}=\boldsymbol{QA}$.

8. (湖南大学，2014 年) 设 4 元齐次线性方程组(Ⅰ)为

$$\begin{cases}2x_1+3x_2-x_3=0\\x_1+2x_2+x_3-x_4=0\end{cases}$$

已知另一个 4 元其次线性方程组(Ⅱ)的一个基础解系为

$$\boldsymbol{\alpha}_1=(2,-1,a+2,1)^{\mathrm{T}},\ \boldsymbol{\alpha}_2=(-1,2,4,a+8)^{\mathrm{T}}.$$

(1) 求其次线性方程组(Ⅰ)的一个基础解系；

(2) 当 a 为何值时，齐次线性方程组(Ⅰ)和(Ⅱ)有非零公共解？并求出全部的非零公共解.(请给出必要的计算步骤)

9. (湖南大学，2014 年) λ 取何值时，线性方程组

$$\begin{cases}(2\lambda+1)x_1-\lambda x_2+(\lambda+1)x_3=\lambda-1\\(\lambda-2)x_1+(\lambda-1)x_2+(\lambda-2)x_3=\lambda\\(2\lambda-1)x_1+(\lambda-1)x_2+(2\lambda-1)x_3=\lambda\end{cases}$$

有唯一解，无解，无穷多解？在有无穷多解时，求通解.

10. (湖南大学，2017 年) 设 $\boldsymbol{A}\in\mathbf{R}^{m\times n}$ 是 $m\times n$ 阶实矩阵，$\boldsymbol{b}\in\mathbf{R}^m$ 是 m 维实向量，$\boldsymbol{A}^{\mathrm{T}}$ 表示矩阵 $\boldsymbol{A}$ 的转置. 证明：

(1) 线性方程组 $\boldsymbol{Ax}=\boldsymbol{b}$ 有解的充要条件是 $\boldsymbol{b}$ 与齐次线性方程组 $\boldsymbol{Ax}=\boldsymbol{0}$ 的解空间正交；

(2) 若线性方程组 $\boldsymbol{Ax}=\boldsymbol{b}$ 无解. 则存在 $\hat{x}\in\mathbf{R}^n$，使得对 $\forall\boldsymbol{x}\in\mathbf{R}^n$，有

$$\|\boldsymbol{A}\hat{x}-\boldsymbol{b}\|\leqslant\|\boldsymbol{Ax}-\boldsymbol{b}\|,$$

其中 $\|\boldsymbol{x}\|=\sqrt{\langle x,x\rangle}$，$\langle\,,\,\rangle$ 为 $\mathbf{R}^n$ 中的内积.

11. (中南大学，2014 年) 证明方程组

$$\begin{cases}x_1=2a_{11}x_1+2a_{12}x_2+\cdots+2a_{1n}x_n\\x_2=2a_{21}x_1+2a_{22}x_2+\cdots+2a_{2n}x_n\\\vdots\\x_n=2a_{n1}x_1+2a_{n2}x_2+\cdots+2a_{nn}x_n\end{cases}$$

只有零解，其中系数中的所有 a_{ij} 全为整数.

12. (中南大学，2015 年) a，b 为何值时，方程组

$$\begin{cases}x_1+x_2+x_3+x_4=0\\x_2+2x_3+2x_4=1\\-x_2+(a-3)x_3-2x_4=b\\3x_1+2x_2+x_3+ax_4=-1\end{cases}$$

无解，有解？ 并在有解时，求其全部解.

13. (中南大学，2015 年) 设 n 阶方阵 $\boldsymbol{A}$ 满足 $\boldsymbol{A}^2=0$. 证明：$r(\boldsymbol{A})\leqslant\dfrac{n}{2}$，并举例说明等号可以

取到.

14. (中南大学, 2017 年) 已知 $\boldsymbol{A}$ 为 n 阶方阵, $\boldsymbol{A}(i, j) = a_i - b_j$,
(1) 求 $|\boldsymbol{A}|$; (2) 若 $a_1 \neq a_2$, $b_1 \neq b_2$, 求 $\boldsymbol{AX} = \boldsymbol{0}$ 的通解.

15. (湖南师范大学, 2009 年) 证明: 线性方程组 $\boldsymbol{AX} = \boldsymbol{\beta}$($\boldsymbol{A}$ 为 n 阶方阵) 对任意 n 维列向量 $\boldsymbol{\beta}$ 都有解的充要条件是 $\boldsymbol{A}$ 可逆.

16. (湖南师范大学, 2015 年) 若方程

$$\begin{cases}\lambda x_1 + x_2 + x_3 = b_1 \\ x_1 + \lambda x_2 + x_3 = b_2 \\ x_1 + x_2 + \lambda x_3 = b_3\end{cases}$$

对任意的数 b_1, b_2, b_3 都有解, 求 λ 的值.

17. (湖南师范大学, 2017 年) 设 $\boldsymbol{\beta}$ 是 n 元线性方程组 $\boldsymbol{AX} = \boldsymbol{b}$ 的一个解向量, 其中 $\boldsymbol{b} \neq \boldsymbol{0}$, 且 $r(\boldsymbol{A}) = r < n$. 证明: 如果 $\boldsymbol{\alpha}_0$, $\boldsymbol{\alpha}_1$, $\boldsymbol{\alpha}_2$, $\cdots$, $\boldsymbol{\alpha}_{n-1}$ 是方程组 $\boldsymbol{AX} = \boldsymbol{b}$ 的一组线性无关的解向量, 则 $\boldsymbol{\beta}$ 可以由 $\boldsymbol{\alpha}_0$, $\boldsymbol{\alpha}_1$, $\boldsymbol{\alpha}_2$, $\cdots$, $\boldsymbol{\alpha}_{n-1}$ 唯一地线性表示.

18. (湖南师范大学, 2010 年) 设矩阵 $\boldsymbol{A} = (\boldsymbol{\alpha}_1, \boldsymbol{\alpha}_2, \boldsymbol{\alpha}_3, \boldsymbol{\alpha}_4)$, 其中 $\boldsymbol{\alpha}_1$, $\boldsymbol{\alpha}_2$, $\boldsymbol{\alpha}_3$, $\boldsymbol{\alpha}_4$ 均为 n 维列向量, 且 $\boldsymbol{\alpha}_1$, $\boldsymbol{\alpha}_2$, $\boldsymbol{\alpha}_4$ 线性无关, $\boldsymbol{\alpha}_1 - 3\boldsymbol{\alpha}_2 + 2\boldsymbol{\alpha}_3 = \boldsymbol{\alpha}_4$. 如果 $\boldsymbol{\beta} = \boldsymbol{\alpha}_1 + 2\boldsymbol{\alpha}_2 + 3\boldsymbol{\alpha}_3 + 4\boldsymbol{\alpha}_4$, 试求线性方程组 $\boldsymbol{AX} = \boldsymbol{\beta}$ 的通解.

19. (湖南师范大学, 2010 年) 设 $\boldsymbol{\beta}_0$ 是线性方程组 $\boldsymbol{AX} = \boldsymbol{b}$ 的一个解向量, 其中 $\boldsymbol{b} \neq \boldsymbol{0}$, 而 $\boldsymbol{\alpha}_1$, $\boldsymbol{\alpha}_2$, $\cdots$, $\boldsymbol{\alpha}_{n-r}$ 是 $\boldsymbol{AX} = \boldsymbol{0}$ 的一个基础解系, 证明:
(1) $\boldsymbol{\beta}_0$, $\boldsymbol{\beta}_1 = \boldsymbol{\beta}_0 + \boldsymbol{\alpha}_1$, $\boldsymbol{\beta}_2 = \boldsymbol{\beta}_0 + \boldsymbol{\alpha}_2$, $\cdots$, $\boldsymbol{\beta}_{n-r} = \boldsymbol{\beta}_0 + \boldsymbol{\alpha}_{n-r}$ 是方程组 $\boldsymbol{AX} = \boldsymbol{b}$ 的 $n - r + 1$ 个线性无关的解向量;
(2) $\boldsymbol{AX} = \boldsymbol{b}$ 的任意解向量 $\boldsymbol{\beta}$ 可表为 $\boldsymbol{\beta} = k_0\boldsymbol{\beta}_0 + k_1\boldsymbol{\beta}_1 + \cdots + k_{n-r}\boldsymbol{\beta}_{n-r}$, 其中 $\sum\limits_{i=0}^{n-r} k_i = 1$.

第 4 章　矩阵

矩阵是研究代数的重要工具，本章主要讨论矩阵的运算和性质.

一、基本概念与重要结论

在数域 F 中，$m\times n$ 个数排成一个 m 行 n 列的数表，

$$\begin{pmatrix} a_{11} & a_{12} & \cdots & a_{1n} \\ a_{21} & a_{22} & \cdots & a_{2n} \\ \vdots & \vdots & & \vdots \\ a_{m1} & a_{m2} & \cdots & a_{mn} \end{pmatrix}$$

称为 P 行 n 列的**矩阵**，可以表示为 $\boldsymbol{A}_{m\times n}$ 或者 $(a_{ij})_{m\times n}$，或者简单的记作 A.

只有一行的矩阵 $\boldsymbol{A}=(a_1, a_2, \cdots, a_n)$ 称为**行矩阵**（也叫行向量），只有一列的矩阵 $\boldsymbol{B}=\begin{pmatrix} a_1 \\ a_2 \\ \vdots \\ a_n \end{pmatrix}$ 称为**列矩阵**（也叫列向量）.

若两个矩阵的行数相同列数也相同，则称它们是**同型**的，$\boldsymbol{A}_{m\times n}$ 与 $\boldsymbol{B}_{m\times n}$ 就是同型的，若还有对应位置上的元素对应相等，则称**两矩阵相等**，记为 $\boldsymbol{A}_{m\times n}=\boldsymbol{B}_{m\times n}$.

两个同型矩阵 $\boldsymbol{A}_{m\times n}=(a_{ij})_{m\times n}$ 和 $\boldsymbol{B}_{m\times n}=(b_{ij})_{m\times n}$，则矩阵

$$\boldsymbol{C}=(c_{ij})_{m\times n}=(a_{ij}+b_{ij})_{m\times n}=\begin{pmatrix} a_{11}+b_{11} & a_{12}+b_{12} & \cdots & a_{1n}+b_{1n} \\ a_{21}+b_{21} & a_{22}+b_{22} & \cdots & a_{2n}+b_{2n} \\ \vdots & \vdots & & \vdots \\ a_{m1}+b_{m1} & a_{m2}+b_{m2} & \cdots & a_{mn}+b_{mn} \end{pmatrix}$$

称为矩阵 $\boldsymbol{A}$ 与 $\boldsymbol{B}$ 的和，记作 $\boldsymbol{C}=\boldsymbol{A}+\boldsymbol{B}$.

λ 是常数，$A_{m\times n}=(a_{ij})_{m\times n}$，规定

$$\lambda\boldsymbol{A}=\boldsymbol{A}\lambda=\begin{pmatrix} \lambda a_{11} & \lambda a_{12} & \cdots & \lambda a_{1n} \\ \lambda a_{21} & \lambda a_{22} & \cdots & \lambda a_{2n} \\ \vdots & \vdots & & \vdots \\ \lambda a_{m1} & \lambda a_{m2} & \cdots & \lambda a_{mn} \end{pmatrix}$$

称为数 λ 与矩阵 $\boldsymbol{A}$ 的**数量积**，简称数乘.

两个矩阵 $\boldsymbol{A}_{m\times s}=(a_{ij})_{m\times s}$，$\boldsymbol{B}_{s\times n}=(b_{ij})_{s\times n}$ 的乘积矩阵 $\boldsymbol{C}_{m\times n}=\boldsymbol{AB}=(c_{ij})_{m\times n}$，其中

$$c_{ij}=a_{i1}b_{1j}+a_{i2}b_{2j}+\cdots+a_{in}b_{nj}=\sum_{k=1}^{s}a_{ik}b_{kj}.$$

设多项式 $f(x)=a_mx^m+a_{m-1}x^{m-1}+\cdots+a_1x+a_0$，系数 a_0，a_1，…，a_{m-1}，a_m 都是数域 P 上的数，$\boldsymbol{A}$ 为一个 n 阶方阵，那么 $a_m\boldsymbol{A}^m+a_{m-1}\boldsymbol{A}^{m-1}+\cdots+a_1\boldsymbol{A}+a_0\boldsymbol{E}$ 有意义，它仍是 P 上的一个 n 阶方阵，记为 $f(\boldsymbol{A})=a_m\boldsymbol{A}^m+a_{m-1}\boldsymbol{A}^{m-1}+\cdots+a_1\boldsymbol{A}+a_0\boldsymbol{E}$.

将一个 $m\times n$ 矩阵 $\boldsymbol{A}$ 的行和列依次互换位置，得到一个 $n\times m$ 矩阵，称为 A 的**转置**，记为 $\boldsymbol{A}^{\mathrm{T}}$(或者 A').

设 $\boldsymbol{A}$ 为 n 阶方阵，若有 $\boldsymbol{A}^{\mathrm{T}}=\boldsymbol{A}$，即对所有的 i, j 都有 $a_{ij}=a_{ji}$，则称此矩阵为**对称矩阵**；若有 $\boldsymbol{A}^{\mathrm{T}}=-\boldsymbol{A}$，即对所有的 i, j 都有 $a_{ij}=-a_{ji}$，则称此矩阵为**反对称矩阵**.

$\boldsymbol{A}_{m\times n}=(a_{ij})_{m\times n}$，是复数域上的矩阵，规定：$\overline{\boldsymbol{A}_{m\times n}}=(\overline{a_{ij}})_{m\times n}$.

(1)$\overline{\boldsymbol{A}+\boldsymbol{B}}=\overline{\boldsymbol{A}}+\overline{\boldsymbol{B}}$，$\overline{\boldsymbol{AB}}=\overline{\boldsymbol{A}}\cdot\overline{\boldsymbol{B}}$，$\overline{\lambda\boldsymbol{A}}=\overline{\lambda\boldsymbol{A}}$；

(2)$\overline{\boldsymbol{AB}}=\overline{\boldsymbol{A}}\cdot\overline{\boldsymbol{B}}$

(3)$\overline{\lambda\boldsymbol{A}}=\overline{\lambda}\cdot\overline{\boldsymbol{A}}$；

(4)$\overline{\boldsymbol{A}^{\mathrm{T}}}=(\overline{\boldsymbol{A}})^{\mathrm{T}}$.

由 n 阶方阵 $\boldsymbol{A}$ 的所有元素，各元素的位置都不变而构成的行列式称为**方阵 $\boldsymbol{A}$ 的行列式**，记为 $|\boldsymbol{A}|$ 或 $\det(\boldsymbol{A})$.

设 $\boldsymbol{A}$ 是 n 阶方阵，若存在 n 阶方阵 $\boldsymbol{B}$，使得 $\boldsymbol{AB}=\boldsymbol{BA}=\boldsymbol{E}$，则称矩阵 $\boldsymbol{A}$ 是**可逆**的，矩阵 $\boldsymbol{B}$ 是矩阵 $\boldsymbol{A}$ 的逆矩阵，矩阵 $\boldsymbol{A}$ 和 $\boldsymbol{B}$ 互为逆矩阵，简称为**逆阵**.

n 阶方阵 A 可逆的充要条件是 $|\boldsymbol{A}|\neq 0$，且当 A 可逆时，有 $\boldsymbol{A}^{-1}=\dfrac{\boldsymbol{A}^*}{|\boldsymbol{A}|}$，其中称 $\boldsymbol{A}^*$ 是 $\boldsymbol{A}$ 的**伴随矩阵**.

$$\boldsymbol{A}^*=\begin{pmatrix}A_{11}&A_{21}&\cdots&A_{n1}\\A_{12}&A_{22}&\cdots&A_{n2}\\\vdots&\vdots&&\vdots\\A_{1n}&A_{2n}&\cdots&A_{nn}\end{pmatrix},$$

其中 A_{ij} 是 $|\boldsymbol{A}|$ 的元素 a_{ij} 的**代数余子式**.

可以用该结论求出 $\boldsymbol{A}^{-1}=\dfrac{\boldsymbol{A}^*}{|\boldsymbol{A}|}$. 从理论上讲，任何一个可逆矩阵都可以用这个方法来求其逆矩阵，但是当矩阵阶数较高时，求伴随矩阵的计算量大. 一般地，当阶数不高于 3 阶时，可以采用此办法，特别地，阶数为 2 阶时，用这种办法求逆矩阵最方便，如：

设 $\boldsymbol{A}=\begin{pmatrix}a&b\\c&d\end{pmatrix}$，$|\boldsymbol{A}|=ad-bc\neq 0$，则 $\boldsymbol{A}^{-1}$ 存在，且

$$\boldsymbol{A}^{-1}=\frac{\boldsymbol{A}^*}{|\boldsymbol{A}|}=\frac{1}{ad-bc}\begin{pmatrix}d&-b\\-c&a\end{pmatrix}.$$

若 $\boldsymbol{A}$，$\boldsymbol{B}$ 都是 n 阶方阵，若有 $\boldsymbol{AB}=\boldsymbol{E}$(或 $\boldsymbol{BA}=\boldsymbol{E}$)，则 $|\boldsymbol{A}||\boldsymbol{B}|=|\boldsymbol{AB}|=1$，$|\boldsymbol{A}|\neq 0$，$\boldsymbol{A}$ 可逆，$\boldsymbol{B}=\boldsymbol{A}^{-1}(\boldsymbol{AB})=\boldsymbol{A}^{-1}\boldsymbol{E}=\boldsymbol{A}^{-1}$，$\boldsymbol{A}^{-1}=\boldsymbol{B}$.

要验证 $\boldsymbol{B}$ 是 $\boldsymbol{A}$ 的逆矩阵，只要验证 $\boldsymbol{AB}=\boldsymbol{E}$，或者 $\boldsymbol{BA}=\boldsymbol{E}$ 就可以了.

若 $\boldsymbol{A}$ 为可逆矩阵，则有下列性质：

(1)$\boldsymbol{A}^{-1}$ 也可逆，且 $(\boldsymbol{A}^{-1})^{-1}=\boldsymbol{A}$；

(2) 若 λ 是数，且 $\lambda \neq 0$，则 $\lambda\boldsymbol{A}$ 可逆，且 $(\lambda\boldsymbol{A})^{-1}=\lambda^{-1}\boldsymbol{A}^{-1}=\dfrac{\boldsymbol{A}^{-1}}{\lambda}$；

(3) $\boldsymbol{A}^{\mathrm{T}}$ 可逆，$(\boldsymbol{A}^{\mathrm{T}})^{-1}=(\boldsymbol{A}^{-1})^{\mathrm{T}}$；

(4) 若 $\boldsymbol{A}$，$\boldsymbol{B}$ 都是 n 阶方阵，则 $\boldsymbol{AB}$ 可逆，且 $(\boldsymbol{AB})^{-1}=\boldsymbol{B}^{-1}\boldsymbol{A}^{-1}$；

(5) 若 $\boldsymbol{AB}=\boldsymbol{O}$，则 $\boldsymbol{B}=\boldsymbol{O}$；

(6) 若 $\boldsymbol{AB}=\boldsymbol{AC}$，则 $\boldsymbol{B}=\boldsymbol{C}$；

(7) $|\boldsymbol{A}^{-1}|=\dfrac{1}{|\boldsymbol{A}|}$.

只有方阵才可能有可逆矩阵，行列式不为 0 的方阵必有可逆矩阵.

当矩阵行数和列数较大时，直接将它做运算比较麻烦，一般可以将它分块处理，化为小矩阵.

用若干条横线和纵线将矩阵 $\boldsymbol{A}$ 分成若干个小块，每个小块构成的矩阵称为 $\boldsymbol{A}$ 的**子块**，以子块为元素的矩阵称为 $\boldsymbol{A}$ 的**分块矩阵**. 如 $A=(a_{ij})_{4\times5}$ 可以分成：

$$\boldsymbol{A}=\begin{pmatrix} a_{11} & a_{12} & a_{13} & a_{14} & a_{15} \\ a_{21} & a_{22} & a_{23} & a_{24} & a_{25} \\ a_{31} & a_{32} & a_{33} & a_{34} & a_{35} \\ a_{41} & a_{42} & a_{43} & a_{44} & a_{45} \end{pmatrix}=\begin{pmatrix} \boldsymbol{A}_{11} & \boldsymbol{A}_{12} \\ \boldsymbol{A}_{21} & \boldsymbol{A}_{22} \end{pmatrix},$$

其中

$$\boldsymbol{A}_{11}=\begin{pmatrix} a_{11} & a_{12} \\ a_{21} & a_{22} \end{pmatrix},\quad \boldsymbol{A}_{12}=\begin{pmatrix} a_{13} & a_{14} & a_{15} \\ a_{23} & a_{24} & a_{25} \end{pmatrix},$$

$$\boldsymbol{A}_{21}=\begin{pmatrix} a_{31} & a_{32} \\ a_{41} & a_{42} \end{pmatrix},\quad \boldsymbol{A}_{22}=\begin{pmatrix} a_{33} & a_{34} & a_{35} \\ a_{43} & a_{44} & a_{45} \end{pmatrix}.$$

一个矩阵可以根据需要按不同的方式分块，有多种分块方法. **分块的原则**有：适当分块后，尽量使得运算简便. 分块后，在矩阵运算中，可以把子块当成元素看待，像普通的矩阵运算法则进行运算，因此，矩阵分块时，必须注意到矩阵的运算法则，对于不同的运算，矩阵分块的原则也不同.

由于矩阵的加减法和数乘比较简单，一般不需要分块计算，而大矩阵的乘法运算和逆运算比较繁杂，所以分块计算有很大的实际意义.

在矩阵 $\boldsymbol{A}_{m\times n}$ 中，任取 k 行 k 列 $(k\leqslant \min(m,n))$，位于这些行列交叉处的 k^2 个元素按照原来的次序构成的 k 阶行列式称为矩阵 $\boldsymbol{A}_{m\times n}$ 的一个 **k 阶子式**. 矩阵 $\boldsymbol{A}_{m\times n}$ 中共有 $\boldsymbol{C}_m^k\cdot\boldsymbol{C}_n^k$ 个 k 阶子式.

矩阵 $\boldsymbol{A}$ 中存在一个不为零的 k 阶子式，且所有更高阶的子式(如果有)都为零，则称数 k 为**矩阵 $\boldsymbol{A}$ 的秩**，记为 $\mathrm{rank}(\boldsymbol{A})$，简记为 $r(\boldsymbol{A})$.

按定义，因为非奇异矩阵的行列式不为零，所以它的秩就是它的阶数，故非奇异矩阵又叫**满秩矩阵**，而奇异矩阵叫**降秩矩阵**. 对任意矩阵 $\boldsymbol{A}_{m\times n}$ 有：(1) $r(\boldsymbol{A})=r(\boldsymbol{A}^{\mathrm{T}})$；(2) $r(\boldsymbol{A})\leqslant \min(m,n)$.

对矩阵施行下列变换称为**初等行变换**：

(1) 互换两行，记为 $r_i\to r_j$；

(2) 以非零数 λ 乘以某一行所有数，记为 λr_i；

(3) 将第 j 行的元素乘以数 λ 后加到第 i 行对应元素上去，记为 $r_i + \lambda r_j$.

同样，可以类似对矩阵施行上述三种列变换，分别记为 $c_i \to c_j$，λc_i，$c_i + \lambda c_j$.

矩阵的初等行变换和初等列变换统称为**初等变换**. 同时，矩阵的初等变换不改变矩阵的秩.

若矩阵 $\boldsymbol{A}$ 经过有限次初等变换化为 $\boldsymbol{B}$，则称 $\boldsymbol{A}$ 与 $\boldsymbol{B}$ **等价**，记为 $\boldsymbol{A} \sim \boldsymbol{B}$.

$\boldsymbol{A} \sim \boldsymbol{B}$ 是矩阵间的一种等价关系，满足下列条件：

(1) 自反性：$\boldsymbol{A} \sim \boldsymbol{A}$；

(2) 对称性：若 $\boldsymbol{A} \sim \boldsymbol{B}$，则 $\boldsymbol{B} \sim \boldsymbol{A}$；

(3) 传递性：若 $\boldsymbol{A} \sim \boldsymbol{B}$，$\boldsymbol{B} \sim \boldsymbol{C}$，则 $\boldsymbol{A} \sim \boldsymbol{C}$；

若 $\boldsymbol{A} \sim \boldsymbol{B}$ 等价，则有 $r(\boldsymbol{A}) = r(\boldsymbol{B})$.

初等变换不改变矩阵的秩，把一个矩阵用初等行(或列)变换化为阶梯型，再求出它的秩，是计算题中常用的方法.

在证明题中利用下列有关秩的结论是很有用的：

(1) $r(\boldsymbol{A}) = 0$，则 $\boldsymbol{A} = \boldsymbol{O}$；

(2) $r(\boldsymbol{A}_{m\times n}) \leqslant \min\{m, n\}$；

(3) $r(\boldsymbol{A}_{n\times n}) = n \Leftrightarrow |\boldsymbol{A}| \neq 0$；

(4) $r(\boldsymbol{A}_{n\times n}) < n \Leftrightarrow |\boldsymbol{A}| = 0$；

(5) $r(\boldsymbol{AB}) \leqslant \min\{r(\boldsymbol{A}), r(\boldsymbol{B})\}$；

(6) $\boldsymbol{A}$，$\boldsymbol{B}$ 都为可逆矩阵，则 $r(\boldsymbol{AC}) = r(\boldsymbol{CB}) = r(\boldsymbol{ACB}) = r(\boldsymbol{C})$(这里乘法都有意义).

对矩阵实施初等变换，可以用矩阵的乘法来表示. 由单位矩阵 $\boldsymbol{E}$ 经过一次初等变换而得到的方阵称为**初等矩阵**，对单位矩阵施行的三种初等行变换对应的初等矩阵分别为：

互换两行 $r_i \to r_j$，得到初等矩阵

$$\boldsymbol{P}_{ij} = \begin{pmatrix} 1 & & & & & & & & & \\ & \ddots & & & & & & & & \\ & & 1 & & & & & & & \\ & & & 0 & 0 & \cdots & 0 & 1 & & \\ & & & \vdots & 1 & & & \vdots & & \\ & & & \vdots & & \ddots & & \vdots & & \\ & & & \vdots & & & 1 & \vdots & & \\ & & & 1 & \cdots & \cdots & \cdots & 0 & & \\ & & & & & & & & 1 & & \\ & & & & & & & & & \ddots & \\ & & & & & & & & & & 1 \end{pmatrix}$$

非零常数 λ 数乘 r_i 行，得到初等矩阵：

$$D_i(\lambda))=\begin{pmatrix}1&&&&&&\\&\ddots&&&&&\\&&1&&&&\\&&&\lambda&&&\\&&&&1&&\\&&&&&\ddots&\\&&&&&&1\end{pmatrix}\leftarrow\text{第 } i \text{ 行}$$

施行 $r_i+\lambda r_j$ 后，得到初等矩阵：$T_{ji}(\lambda)=\begin{pmatrix}1&&&&&&\\&\ddots&&&&&\\&&1&\cdots&\lambda&&\\&&&\ddots&\vdots&&\\&&&&1&&\\&&&&&\ddots&\\&&&&&&1\end{pmatrix}$

同样，可以验证三种初等列变换 $c_i\to c_j$，$\lambda c_i(\lambda\neq 0)$，$c_i+\lambda c_j$ 还是对应上述三种初等矩阵 P_{ij}，$D_i(\lambda)$，$T_{ij}(\lambda)$.

初等矩阵是可逆矩阵，且它们的逆矩阵仍为初等矩阵，即

$$P_{ij}^{-1}=P_{ij},\ D_i^{-1}(\lambda)=D_i\left(\frac{1}{\lambda}\right),\ T_{ij}^{-1}(\lambda)=T_{ij}(-\lambda).$$

设 A 是一个 $m\times n$ 矩阵，对 A 实施一次初等行变换相当于用相应的 m 阶初等矩阵左乘 A；对 A 实施一次初等列变换相当于用相应的 n 阶初等矩阵右乘 A.

若 $|A|\neq 0$，则存在有限个初等矩阵 P_1，P_2，…，P_s，使得 $P_1P_2\cdots P_sA=E$，故 $A^{-1}=P_1P_2\cdots P_s$，从而 $A^{-1}=P_1P_2\cdots P_sE$.

上述过程表明：矩阵 A 经过一系列的初等行变换化为单位矩阵，而单位矩阵经过同样的初等行变换化为了 A^{-1}.

求逆矩阵的另一种方法：构造一个 $n\times 2n$ 矩阵 $(A\vdots E)$，用初等行变换把左边的矩阵 A 化为单位矩阵的同时，右边的单位矩阵 E 也就变成了 A^{-1}. 这个过程可以表示为：

$$A^{-1}(A\vdots E)=(E\vdots A^{-1}),\ A^{-1}(A\vdots B)=(E\vdots A^{-1}B).$$

对于高阶矩阵，这种方法比用 $A^{-1}=\dfrac{A^*}{|A|}$ 简便. 同理也有 $A^{-1}(A\vdots B)=(E\vdots A^{-1}B)$，$A^{-1}B=P_1P_2\cdots P_sB$. 用初等行变换把左边的矩阵 A 化为单位矩阵的同时，右边的矩阵 B 也就变成了 $A^{-1}B$.

二、典型例题选讲

例 4.1 设矩阵 $x=(x_1,x_2,\cdots,x_n)^{\mathrm T}$ 满足 $x^{\mathrm T}x=1$，E 为单位矩阵，$H=E-2xx^{\mathrm T}$. 试证明 H 是对称矩阵，且 $HH^{\mathrm T}=E$.

证明：因为 $H^{\mathrm T}=(E-2xx^{\mathrm T})^{\mathrm T}=E^{\mathrm T}-(2xx^{\mathrm T})^{\mathrm T}=E-2xx^{\mathrm T}=H$，所以 H 是对称阵.

从而

$$\begin{aligned}\boldsymbol{HH}^{\mathrm{T}} &= H^2 = (\boldsymbol{E} - 2\boldsymbol{xx}^{\mathrm{T}})(\boldsymbol{E} - 2\boldsymbol{xx}^{\mathrm{T}})^{\mathrm{T}} \\ &= \boldsymbol{E} - 4\boldsymbol{xx}^{\mathrm{T}} + 4(\boldsymbol{xx}^{\mathrm{T}})(\boldsymbol{xx}^{\mathrm{T}}) \\ &= \boldsymbol{E} - 4\boldsymbol{xx}^{\mathrm{T}} + 4\boldsymbol{x}(\boldsymbol{x}^{\mathrm{T}}\boldsymbol{x})\boldsymbol{x}^{\mathrm{T}} = \boldsymbol{E} - 4\boldsymbol{xx}^{\mathrm{T}} + 4\boldsymbol{xx}^{\mathrm{T}} = \boldsymbol{E}.\end{aligned}$$

例 4.2　已知 $\boldsymbol{AX} = \boldsymbol{B}$，其中 $\boldsymbol{A} = \begin{pmatrix} 3 & 5 \\ 1 & 2 \end{pmatrix}$，$\boldsymbol{B} = \begin{pmatrix} 1 & 0 & 0 \\ 0 & 1 & 1 \end{pmatrix}$，求 $\boldsymbol{X}$.

解：因为 $|\boldsymbol{A}| = 1 \neq 0$，则 $\boldsymbol{A}^{-1}$ 存在. 易得 $\boldsymbol{A}^{-1} = \begin{pmatrix} 2 & -5 \\ -1 & 3 \end{pmatrix}$，所以

$$\boldsymbol{X} = \boldsymbol{A}^{-1}\boldsymbol{B} = \begin{pmatrix} 2 & -5 \\ -1 & 3 \end{pmatrix}\begin{pmatrix} 1 & 0 & 0 \\ 0 & 1 & 1 \end{pmatrix} = \begin{pmatrix} 2 & -5 & -5 \\ -1 & 3 & 3 \end{pmatrix}.$$

例 4.3　设方阵 $\boldsymbol{A}$ 满足 $\boldsymbol{A}^2 - 2\boldsymbol{A} - 3\boldsymbol{E} = 0$，试证明：

(1) $\boldsymbol{A}$ 为可逆矩阵；　　(2) $\boldsymbol{A} + 2\boldsymbol{E}$ 可逆.

证明：(1) 因为 $\boldsymbol{A}^2 - 2\boldsymbol{A} - 3\boldsymbol{E} = 0$，所以 $\boldsymbol{A}^2 - 2\boldsymbol{A} = 3\boldsymbol{E}$，从而 $\boldsymbol{A}(\boldsymbol{A} - 2\boldsymbol{E}) = 3\boldsymbol{E}$，$\boldsymbol{A}\dfrac{\boldsymbol{A} - 2\boldsymbol{E}}{3} = \boldsymbol{E}$，故 $\boldsymbol{A}$ 可逆，且 $\boldsymbol{A}^{-1} = \dfrac{\boldsymbol{A} - 2\boldsymbol{E}}{3}$.

(2) 由于 $\boldsymbol{A}^2 - 2\boldsymbol{A} - 3\boldsymbol{E} = 0$，则 $\boldsymbol{A}^2 + 2\boldsymbol{A} - 4\boldsymbol{A} - 3\boldsymbol{E} = 0$.

又 $\boldsymbol{A}(\boldsymbol{A} + 2\boldsymbol{E}) - 4\boldsymbol{A} - 8\boldsymbol{E} = -5\boldsymbol{E}$，可得 $\boldsymbol{A}(\boldsymbol{A} + 2\boldsymbol{E}) - 4(\boldsymbol{A} + 2\boldsymbol{E}) = -5\boldsymbol{E}$.

所以 $(\boldsymbol{A} + 2\boldsymbol{E})(\boldsymbol{A} - 4\boldsymbol{E}) = -5\boldsymbol{E}$.　故 $\boldsymbol{A} + 2\boldsymbol{E}$ 可逆，且 $(\boldsymbol{A} + 2\boldsymbol{E})^{-1} = \dfrac{\boldsymbol{A} - 4\boldsymbol{E}}{-5}$.

例 4.4　设 $\boldsymbol{A}$ 为 n 阶方阵，证明：$\boldsymbol{A}$ 可逆 $\Leftrightarrow \boldsymbol{A}^*$ 可逆.

证明：必要性　由 $\boldsymbol{A}$ 可逆，则 $|\boldsymbol{A}| \neq 0$，$\boldsymbol{AA}^* = |\boldsymbol{A}|\boldsymbol{E}$，两边取行列式得 $|\boldsymbol{A}||\boldsymbol{A}^*| = |\boldsymbol{A}|^n$，所以 $|\boldsymbol{A}^*| = |\boldsymbol{A}|^{n-1} \neq 0$，从而 $\boldsymbol{A}^*$ 可逆.

又因为 $\boldsymbol{AA}^* = |\boldsymbol{A}|\boldsymbol{E}$，则 $\boldsymbol{A}^* \dfrac{\boldsymbol{A}}{|\boldsymbol{A}|} = \boldsymbol{E}$，故 $(\boldsymbol{A}^*)^{-1} = \dfrac{\boldsymbol{A}}{|\boldsymbol{A}|}$.

充分性：已知 $\boldsymbol{A}^*$ 可逆，反设 $\boldsymbol{A}$ 不可逆. 则得 $|\boldsymbol{A}| = 0$，从而

$$\boldsymbol{AA}^* = |\boldsymbol{A}|\boldsymbol{E} = 0,$$

等式两边同时右乘 $(\boldsymbol{A}^*)^{-1}$ 得：$\boldsymbol{AA}^*(\boldsymbol{A}^*)^{-1} = 0(\boldsymbol{A}^*)^{-1}$，故 $\boldsymbol{A} = \boldsymbol{O}$. 所以 $\boldsymbol{A}$ 的每一个元素的代数余子式 $\boldsymbol{A}_{ij}$ 都是 0，从而 $\boldsymbol{A}^* = \boldsymbol{O}$，与 $\boldsymbol{A}^*$ 可逆矛盾.

例 4.5　求解矩阵方程：$\boldsymbol{AX} = \boldsymbol{X} + \boldsymbol{A}$，其中 $\boldsymbol{A} = \begin{pmatrix} 2 & 2 & 0 \\ 2 & 1 & 3 \\ 0 & 1 & 0 \end{pmatrix}$.

解：因为 $(\boldsymbol{A} - \boldsymbol{E})\boldsymbol{X} = \boldsymbol{A}$，$|\boldsymbol{A} - \boldsymbol{E}| = \begin{vmatrix} 1 & 2 & 0 \\ 2 & 0 & 3 \\ 0 & 1 & -1 \end{vmatrix} = 1 \neq 0$.

所以 $\boldsymbol{A} - \boldsymbol{E}$ 可逆，$\boldsymbol{X} = (\boldsymbol{A} - \boldsymbol{E})^{-1}\boldsymbol{A}$，故

$$(\boldsymbol{A} - \boldsymbol{E} \vdots \boldsymbol{A}) = \begin{pmatrix} 1 & 2 & 0 & 1 & 0 & 0 \\ 2 & 0 & 3 & 0 & 1 & 0 \\ 0 & 1 & -1 & 0 & 0 & 1 \end{pmatrix} \to \begin{pmatrix} 1 & 2 & 0 & 2 & 2 & 0 \\ 0 & 1 & -1 & 0 & 1 & 0 \\ 0 & -4 & 3 & -2 & -3 & -3 \end{pmatrix}$$

$$\rightarrow\begin{pmatrix}1&2&0&2&2&0\\0&1&-1&0&1&0\\0&0&-1&-2&1&3\end{pmatrix}\rightarrow\begin{pmatrix}1&2&0&2&2&0\\0&1&0&2&0&-3\\0&0&1&2&-1&-3\end{pmatrix}\rightarrow\begin{pmatrix}1&0&0&-2&2&6\\0&1&0&2&0&-3\\0&0&1&2&-1&-3\end{pmatrix}.$$

所以 $\boldsymbol{X}=\begin{pmatrix}-2&2&6\\2&0&-3\\2&-1&-3\end{pmatrix}$.

例 4.6 设 $\boldsymbol{A}=\begin{pmatrix}1&a\\1&0\end{pmatrix}$, $\boldsymbol{B}=\begin{pmatrix}0&1\\1&b\end{pmatrix}$. 当 a, b 为何值时, 存在矩阵 $\boldsymbol{C}$ 使得 $\boldsymbol{AC}-\boldsymbol{CA}=\boldsymbol{B}$, 并求所有矩阵 $\boldsymbol{C}$.

解: 设所求矩阵 $\boldsymbol{C}$ 为:

$$\boldsymbol{C}=\begin{pmatrix}x_1&x_2\\x_3&x_4\end{pmatrix}$$

将其代入矩阵等式 $\boldsymbol{AC}-\boldsymbol{CA}=\boldsymbol{B}$ 中有:

$$\boldsymbol{AC}-\boldsymbol{CA}=\begin{pmatrix}1&a\\1&0\end{pmatrix}\begin{pmatrix}x_1&x_2\\x_3&x_4\end{pmatrix}-\begin{pmatrix}x_1&x_2\\x_3&x_4\end{pmatrix}\begin{pmatrix}1&a\\1&0\end{pmatrix}$$

$$=\begin{pmatrix}-x_2+ax_3&-ax_1+x_2+ax_4\\x_1-x_3-x_4&x_2-ax_3\end{pmatrix}=\begin{pmatrix}0&1\\1&b\end{pmatrix}.$$

由矩阵相等, 对应元素分别相等可以得到如下的四元线性方程组:

$$\begin{cases}-x_2+ax_3=0\\-ax_1+x_2+ax_4=1\\x_1-x_3-x_4=1\\x_2-ax_3=b\end{cases}$$

对其对应的系数增广矩阵进行初等变换:

$$\left(\begin{array}{cccc:c}0&-1&a&0&0\\-a&1&0&a&1\\1&0&-1&-1&1\\0&1&-a&0&b\end{array}\right)\rightarrow\left(\begin{array}{cccc:c}1&0&-1&-1&1\\0&1&-a&0&0\\0&0&0&0&a+1\\0&0&0&0&b\end{array}\right).$$

从而当 $a+1$ 和 b 都不为零时, 上述的四元线性方程组无解; 当 $a=-1$ 和 $b=0$ 时, 四元线性方程组有解, 并且其解等价于如下方程组

$$\begin{cases}x_1-x_3-x_4=1,\\x_2+x_3=0\end{cases}$$

的解. 故可以得到方程组的通解为:

$$\begin{pmatrix}x_1\\x_2\\x_3\\x_4\end{pmatrix}=\begin{pmatrix}1\\0\\0\\0\end{pmatrix}+c_1\begin{pmatrix}1\\-1\\1\\0\end{pmatrix}+c_2\begin{pmatrix}1\\0\\0\\1\end{pmatrix}=\begin{pmatrix}1+c_1+c_2\\-c_1\\c_1\\c_2\end{pmatrix},$$

其中 c_1, c_2 为任意常数. 所以当 $a=-1$ 和 $b=0$ 时存在满足条件的矩阵为:

$$C = \begin{pmatrix} 1 + c_1 + c_2 & -c_1 \\ c_1 & c_2 \end{pmatrix},$$

其中 c_1, c_2 为任意常数.

例 4.7　设矩阵

$$A = \begin{pmatrix} a_1 & a_2 & a_3 & \cdots & a_{n-1} & a_n \\ a_n & a_1 & a_2 & \cdots & a_{n-2} & a_{n-1} \\ a_{n-1} & a_n & a_1 & \cdots & a_{n-3} & a_{n-2} \\ \vdots & \vdots & \vdots & & \vdots & \vdots \\ a_3 & a_4 & a_5 & \cdots & a_1 & a_2 \\ a_2 & a_3 & a_4 & \cdots & a_n & a_1 \end{pmatrix}, \quad P = \begin{pmatrix} 0 & 1 & 0 & \cdots & 0 \\ 0 & 0 & 1 & \cdots & 0 \\ \vdots & \vdots & \vdots & & \vdots \\ 0 & 0 & 0 & \cdots & 1 \\ 1 & 0 & 0 & \cdots & 0 \end{pmatrix}$$

其中 $\boldsymbol{P}$ 为 n 阶循环矩阵.

(1) 证明：存在 $n-1$ 次多项式 $f(x)$，使得 $\boldsymbol{A}=f(\boldsymbol{P})$；

(2) 求矩阵 $\boldsymbol{A}$ 的全部特征值和特征向量;

(3) 计算行列式 $|\boldsymbol{A}|$.

解：(1) $P = \begin{pmatrix} 0 & 1 & 0 & \cdots & 0 \\ 0 & 0 & 1 & \cdots & 0 \\ \vdots & \vdots & \vdots & & \vdots \\ 0 & 0 & 0 & \cdots & 1 \\ 1 & 0 & 0 & \cdots & 0 \end{pmatrix}, \quad P^2 = \begin{pmatrix} 0 & 0 & 1 & 0 & \cdots & 0 \\ 0 & 0 & 0 & 1 & \cdots & 0 \\ 0 & 0 & 0 & 0 & \cdots & 0 \\ \vdots & \vdots & \vdots & \vdots & & \vdots \\ 0 & 0 & 0 & 0 & \cdots & 1 \\ 1 & 0 & 0 & 0 & \cdots & 0 \\ 0 & 1 & 0 & 0 & \cdots & 0 \end{pmatrix},$

$$P^{n-1} = \begin{pmatrix} 0 & 0 & 0 & \cdots & 0 & 1 \\ 1 & 0 & 0 & \cdots & 0 & 0 \\ 0 & 1 & 0 & \cdots & 0 & 0 \\ \vdots & \vdots & \vdots & & \vdots & \vdots \\ 0 & 0 & 0 & \cdots & 0 & 0 \\ 0 & 0 & 0 & \cdots & 0 & 0 \\ 0 & 0 & 0 & \cdots & 1 & 0 \end{pmatrix}, \quad P^n = E.$$

所以 $\boldsymbol{A} = a_1\boldsymbol{E} + a_2\boldsymbol{P} + \cdots + a_n\boldsymbol{P}^{n-1} = f(\boldsymbol{P})$，其中 $f(x) = a_1 + a_2x + \cdots + a_nx^{n-1}$.

(2) 设 λ 是矩阵 $\boldsymbol{P}$ 的特征值，$\boldsymbol{\alpha}$ 是属于特征值 λ 的特征向量，则

$$\boldsymbol{P\alpha} = \lambda\boldsymbol{\alpha},\ \boldsymbol{P}^n\boldsymbol{\alpha} = \lambda^n\boldsymbol{\alpha}.$$

又 $\boldsymbol{P}^n=\boldsymbol{E}$，则 $\lambda^n=1$，所以 $\lambda=\varpi^k$，$k=0, 1, \cdots, n-1$；其中 $\varpi = \cos\dfrac{2\pi}{n} + \mathrm{i}\sin\dfrac{2\pi}{n}$ 为 n 次单位原根.

设 $\boldsymbol{\alpha}$ 是属于特征值 λ 的特征向量，则 $\boldsymbol{P\alpha}=\lambda\boldsymbol{\alpha}$，即 $\boldsymbol{\alpha}$ 是齐次方程 $(\lambda\boldsymbol{E}-\boldsymbol{P})\boldsymbol{X}=\boldsymbol{0}$ 的解.

$$\lambda \boldsymbol{E}-\boldsymbol{P}=\begin{pmatrix}\lambda & -1 & \cdots & 0\\ 0 & \lambda & \cdots & 0\\ \vdots & \vdots & & \vdots\\ -1 & 0 & \cdots & \lambda\end{pmatrix}\sim\begin{pmatrix}\lambda & -1 & \cdots & 0 & 0\\ 0 & \lambda & \cdots & 0 & 0\\ \vdots & \vdots & & \vdots & \vdots\\ 0 & 0 & \cdots & \lambda & -1\\ 0 & 0 & \cdots & 0 & 0\end{pmatrix}.$$

矩阵$\boldsymbol{P}$属于特征值ϖ^k的特征向量为：$(\varpi^{-(n-1)k},\cdots,\varpi^{-2k},\varpi^{-k},1)$. 矩阵$\boldsymbol{A}$的全部特征值是：$f(\varpi^k)$，$k=0,1,\cdots,n-1$，对应的特征向量为$(\varpi^{-(n-1)k},\cdots,\varpi^{-2k},\varpi^{-k},1)$，$k=0,1,\cdots,n-1$.

(3) 因为矩阵$\boldsymbol{A}$行列式等于它全部特征值的乘积，所以$|\boldsymbol{A}|=f(1)f(\varpi)\cdots f(\varpi^{n-1})$.

例 4.8 试求如下矩阵$\boldsymbol{A}$的特征多项式与特征值

$$\boldsymbol{A}=\begin{pmatrix}0 & 1 & 1 & \cdots & 1 & 1\\ -1 & 0 & 1 & \cdots & 1 & 1\\ -1 & -1 & 0 & \cdots & 1 & 1\\ \vdots & \vdots & \vdots & \ddots & \vdots & \vdots\\ -1 & -1 & -1 & \cdots & 0 & 1\\ -1 & -1 & -1 & \cdots & -1 & 0\end{pmatrix}.$$

解：设矩阵$\boldsymbol{A}$的特征多项式为B_n，则

$$B_n=|\lambda\boldsymbol{E}-\boldsymbol{A}|=\begin{vmatrix}\lambda & -1 & -1 & \cdots & -1 & -1\\ 1 & \lambda & 1 & \cdots & -1 & -1\\ 1 & 1 & \lambda & \cdots & -1 & -1\\ \vdots & \vdots & \vdots & \ddots & \vdots & \vdots\\ 1 & 1 & 1 & \cdots & \lambda & -1\\ 1 & 1 & 1 & \cdots & 1 & \lambda\end{vmatrix}.$$

一方面，B_n按第1列的第一项可以拆分为：

$$B_n=\begin{vmatrix}-1 & -1 & -1 & \cdots & -1 & -1\\ 1 & \lambda & 1 & \cdots & -1 & -1\\ 1 & 1 & \lambda & \cdots & -1 & -1\\ \vdots & \vdots & \vdots & \ddots & \vdots & \vdots\\ 1 & 1 & 1 & \cdots & \lambda & -1\\ 1 & 1 & 1 & \cdots & 1 & \lambda\end{vmatrix}+\begin{vmatrix}\lambda+1 & -1 & -1 & \cdots & -1 & -1\\ 1 & \lambda & 1 & \cdots & -1 & -1\\ 1 & 1 & \lambda & \cdots & -1 & -1\\ \vdots & \vdots & \vdots & \ddots & \vdots & \vdots\\ 1 & 1 & 1 & \cdots & \lambda & -1\\ 1 & 1 & 1 & \cdots & 1 & \lambda\end{vmatrix}=C_n+D_n.$$

将行列式C_n的第1行分别加到后面各行，可得

$$C_n=\begin{vmatrix}-1 & -1 & -1 & \cdots & -1 & -1\\ 0 & \lambda-1 & -2 & \cdots & -2 & -2\\ 0 & 0 & \lambda-1 & \cdots & -2 & -2\\ \vdots & \vdots & \vdots & \ddots & \vdots & \vdots\\ 0 & 0 & 0 & \cdots & \lambda & -1\\ 0 & 0 & 0 & \cdots & 0 & \lambda-1\end{vmatrix}=-(\lambda-1)^{n-1}.$$

将行列式D_n按第1列展开，则$D_n=(\lambda+1)B_{n-1}$，从而有

$$B_n=-(\lambda-1)^{n-1}+(\lambda+1)B_{n-1}. \tag{1}$$

另一方面，B_n 按第 1 列也可以拆分为：

$$B_n=\begin{vmatrix}1&-1&-1&\cdots&-1&-1\\1&\lambda&1&\cdots&-1&-1\\1&1&\lambda&\cdots&-1&-1\\\vdots&\vdots&\vdots&\ddots&\vdots&\vdots\\1&1&1&\cdots&\lambda&-1\\1&1&1&\cdots&1&\lambda\end{vmatrix}+\begin{vmatrix}\lambda-1&-1&-1&\cdots&-1&-1\\1&\lambda&1&\cdots&-1&-1\\1&1&\lambda&\cdots&-1&-1\\\vdots&\vdots&\vdots&\ddots&\vdots&\vdots\\1&1&1&\cdots&\lambda&-1\\1&1&1&\cdots&1&\lambda\end{vmatrix}=C'_n+D'_n.$$

将行列式C'_n的第 1 列分别加到后面各列，可得

$$C'_n=\begin{vmatrix}1&0&0&\cdots&0&0\\1&\lambda+1&0&\cdots&0&0\\1&2&\lambda+1&\cdots&0&0\\\vdots&\vdots&\vdots&\ddots&\vdots&\vdots\\1&2&2&\cdots&\lambda+1&0\\1&2&2&\cdots&2&\lambda+1\end{vmatrix}=(\lambda+1)^{n+1}.$$

将行列式D'_n按第 1 列展开，则$D'_n=(\lambda-1)B_{n-1}$，从而有

$$B_n=(\lambda+1)^{n-1}+(\lambda-1)B_{n-1}. \tag{2}$$

联立(1)(2)，消掉 B_{n-1}，可得

$$B_n=\frac{(\lambda+1)^n+(\lambda-1)^n}{2}.$$

令特征多项式 $B_n=0$，可得$(\lambda+1)^n+(\lambda-1)^n=0$. 显然 $\lambda\neq\pm1$. 根据欧拉公式：

$$e^{i\theta}=\cos\theta+i\sin\theta\ (\text{其中 i 为复数}),$$

可得

$$\frac{\lambda-1}{\lambda+1}=\exp\left\{\frac{(2k-1)\pi}{n}i\right\}=\cos\frac{(2k-1)\pi}{n}+i\sin\frac{(2k-1)\pi}{n},\ k=1,2,\cdots,n,$$

从而可得特征值为：

$$\lambda=-\frac{1+\exp\left\{\frac{(2k-1)\pi}{n}i\right\}}{-1+\exp\left\{\frac{(2k-1)\pi}{n}i\right\}}=i\cot\left\{\frac{(2k-1)\pi}{2n}\right\},\ k=1,2,\cdots,n.$$

例 4.9　设 $\boldsymbol{A}$ 为 $m\times n$ 矩阵，$\boldsymbol{B}$ 为 $n\times s$ 矩阵. 若 $\boldsymbol{AB}=\boldsymbol{O}$，则 $r(\boldsymbol{A})+r(\boldsymbol{B})\leqslant n$..

证明：方法一　**线性方程组法**(参考第 3 章例 3.3).

方法二　**分块矩阵初等变换法**

因为 $r(\boldsymbol{A})+r(\boldsymbol{B})=r\begin{pmatrix}\boldsymbol{A}&\boldsymbol{O}\\\boldsymbol{O}&\boldsymbol{B}\end{pmatrix}$，而 $n=r\begin{pmatrix}\boldsymbol{E}_n&\boldsymbol{O}\\\boldsymbol{O}&\boldsymbol{O}\end{pmatrix}$，所以考虑矩阵$\begin{pmatrix}\boldsymbol{A}&\boldsymbol{O}\\\boldsymbol{E}_n&\boldsymbol{B}\end{pmatrix}$，即有：

$$\begin{pmatrix}\boldsymbol{A}&\boldsymbol{O}\\\boldsymbol{E}_n&\boldsymbol{B}\end{pmatrix}\to\begin{pmatrix}\boldsymbol{O}&-\boldsymbol{AB}\\\boldsymbol{E}_n&\boldsymbol{B}\end{pmatrix}\to\begin{pmatrix}\boldsymbol{O}&-\boldsymbol{AB}\\\boldsymbol{E}_n&\boldsymbol{O}\end{pmatrix}=\begin{pmatrix}\boldsymbol{O}&\boldsymbol{O}\\\boldsymbol{E}_n&\boldsymbol{O}\end{pmatrix}\to\begin{pmatrix}\boldsymbol{E}_n&\boldsymbol{O}\\\boldsymbol{O}&\boldsymbol{O}\end{pmatrix},$$

故 $n=r\begin{pmatrix}\boldsymbol{E}_n&\boldsymbol{O}\\\boldsymbol{O}&\boldsymbol{O}\end{pmatrix}=r\begin{pmatrix}\boldsymbol{A}&\boldsymbol{O}\\\boldsymbol{E}_n&\boldsymbol{B}\end{pmatrix}\geqslant r(\boldsymbol{A})+r(\boldsymbol{B})$.

本题更一般的结论为如下的 Sylvester 不等式：

例 4.10 设 $\boldsymbol{A}$ 为 $m\times n$ 矩阵，$\boldsymbol{B}$ 为 $n\times s$ 矩阵. 证明 $r(\boldsymbol{AB})\geqslant r(\boldsymbol{A})+r(\boldsymbol{B})-n$.

思路一： 构造分块矩阵，并利用分块矩阵的初等变换不改变矩阵的秩的性质进行证明.

证明： 由于

$$\begin{pmatrix}\boldsymbol{E}_n & \boldsymbol{O}\\ -\boldsymbol{A} & \boldsymbol{E}_m\end{pmatrix}\begin{pmatrix}\boldsymbol{E}_n & \boldsymbol{B}\\ \boldsymbol{A} & \boldsymbol{O}\end{pmatrix}\begin{pmatrix}\boldsymbol{E}_n & -\boldsymbol{B}\\ \boldsymbol{O} & \boldsymbol{E}_s\end{pmatrix}=\begin{pmatrix}\boldsymbol{E}_n & \boldsymbol{O}\\ \boldsymbol{O} & -\boldsymbol{AB}\end{pmatrix},$$

所以

$$r\begin{pmatrix}\boldsymbol{E}_n & \boldsymbol{B}\\ \boldsymbol{A} & \boldsymbol{O}\end{pmatrix}=r\begin{pmatrix}\boldsymbol{E}_n & \boldsymbol{O}\\ \boldsymbol{O} & -\boldsymbol{AB}\end{pmatrix}=r(\boldsymbol{E}_n)+r(-\boldsymbol{AB})=n+r(\boldsymbol{AB}).$$

又 $r\begin{pmatrix}\boldsymbol{E}_n & \boldsymbol{B}\\ \boldsymbol{A} & \boldsymbol{O}\end{pmatrix}\geqslant r(\boldsymbol{A})+r(\boldsymbol{B})$， 从而 $r(\boldsymbol{AB})\geqslant r(\boldsymbol{A})+r(\boldsymbol{B})-n$ 成立.

思路二： 利用矩阵的标准形进行证明.

证明： 设 $r(\boldsymbol{A})=k$，则存在 m 级可逆矩阵 $\boldsymbol{P}$ 和 n 级可逆矩阵 $\boldsymbol{Q}$，使得 $\boldsymbol{PAQ}=\begin{pmatrix}\boldsymbol{E}_k & \boldsymbol{O}\\ \boldsymbol{O} & \boldsymbol{O}\end{pmatrix}$.

记 $\boldsymbol{Q}^{-1}\boldsymbol{B}=\begin{pmatrix}\boldsymbol{B}_{km}\\ \boldsymbol{B}_{(n-k)m}\end{pmatrix}$，则

$$\boldsymbol{PAB}=\boldsymbol{PAQQ}^{-1}\boldsymbol{B}=\begin{pmatrix}\boldsymbol{E}_k & \boldsymbol{O}\\ \boldsymbol{O} & \boldsymbol{O}\end{pmatrix}\begin{pmatrix}\boldsymbol{B}_{km}\\ \boldsymbol{B}_{(n-k)m}\end{pmatrix}=\begin{pmatrix}\boldsymbol{B}_{km}\\ \boldsymbol{O}\end{pmatrix}.$$

从而 $r(\boldsymbol{AB})=r(\boldsymbol{PAB})=r\begin{pmatrix}\boldsymbol{B}_{km}\\ \boldsymbol{O}\end{pmatrix}=r(\boldsymbol{B}_{km})$. 又 $\begin{pmatrix}\boldsymbol{B}_{km}\\ \boldsymbol{B}_{(n-k)m}\end{pmatrix}=\begin{pmatrix}\boldsymbol{B}_{km}\\ \boldsymbol{O}\end{pmatrix}+\begin{pmatrix}\boldsymbol{O}\\ \boldsymbol{B}_{(n-k)m}\end{pmatrix}$，则有

$$\begin{aligned}r(\boldsymbol{B})&=r(\boldsymbol{Q}^{-1}\boldsymbol{B})=r\begin{pmatrix}\boldsymbol{B}_{km}\\ \boldsymbol{B}_{(n-k)m}\end{pmatrix}=r\left(\begin{pmatrix}\boldsymbol{B}_{km}\\ \boldsymbol{O}\end{pmatrix}+\begin{pmatrix}\boldsymbol{O}\\ \boldsymbol{B}_{(n-k)m}\end{pmatrix}\right)\\&\leqslant r\begin{pmatrix}\boldsymbol{B}_{km}\\ \boldsymbol{O}\end{pmatrix}+r\begin{pmatrix}\boldsymbol{O}\\ \boldsymbol{B}_{(n-k)m}\end{pmatrix}\\&=r(\boldsymbol{B}_{km})+r(\boldsymbol{B}_{(n-k)m})\\&\leqslant r(\boldsymbol{AB})+(n-k)=r(\boldsymbol{AB})+n-r(\boldsymbol{A}),\end{aligned}$$

也就是 $r(\boldsymbol{AB})\geqslant r(\boldsymbol{A})+r(\boldsymbol{B})-n$ 成立.

注 1： 当 $\boldsymbol{AB}=\boldsymbol{O}$，立即可以得到例 4.9 的结果.

注 2： 读者可以运用本题的结论证明如下的 Frobenius 不等式：

设 $\boldsymbol{A}$，$\boldsymbol{B}$，$\boldsymbol{C}$ 为任意的 3 个矩阵，且乘积 $\boldsymbol{ABC}$ 有意义，则有：

$$r(\boldsymbol{ABC})\geqslant r(\boldsymbol{AB})+r(\boldsymbol{BC})-r(\boldsymbol{B}).$$

例 4.11 设矩阵

$$\boldsymbol{A}=\begin{pmatrix}a & 1-a\\ 1-b & b\end{pmatrix},\ (0<a,\ b<1)$$

是一个实矩阵，证明：$\lim\limits_{n\to\infty}\boldsymbol{A}^n$存在. 并求极限值.

解： 矩阵 $\boldsymbol{A}$ 可以拆分为：

$$\boldsymbol{A}=\begin{pmatrix}1 & 0\\ 0 & 1\end{pmatrix}+\begin{pmatrix}a-1 & 1-a\\ 1-b & b-1\end{pmatrix}=\boldsymbol{E}+\boldsymbol{B}.$$

矩阵 $\boldsymbol{B}$ 的特征多项式为：

$$|\lambda \boldsymbol{E}-\boldsymbol{B}|=\begin{vmatrix}\lambda-a+1 & a-1\\ b-1 & \lambda-b+1\end{vmatrix}=0.$$

计算可得矩阵 $\boldsymbol{B}$ 的特征值为：$\lambda_1=0$, $\lambda_2=a+b-2$，它们对应的特征向量分别为：$\boldsymbol{x}_1=(1,1)^{\mathrm{T}}$，$\boldsymbol{x}_2=(a-1,1-b)^{\mathrm{T}}$. 记 $\boldsymbol{P}=(\boldsymbol{x}_1,\boldsymbol{x}_2)=\begin{pmatrix}1 & a-1\\ 1 & 1-b\end{pmatrix}$，且 $\boldsymbol{P}^{-1}=\dfrac{1}{a+b-2}\begin{pmatrix}b-1 & a-1\\ 1 & -1\end{pmatrix}$，从而可将矩阵 B 对角化，也就是

$$\boldsymbol{P}^{-1}\boldsymbol{B}\boldsymbol{P}=\begin{pmatrix}0 & 0\\ 0 & a+b-2\end{pmatrix}\Rightarrow \boldsymbol{B}=\boldsymbol{P}\begin{pmatrix}0 & 0\\ 0 & a+b-2\end{pmatrix}\boldsymbol{P}^{-1}.$$

从而

$$\boldsymbol{B}^n=\boldsymbol{P}\begin{pmatrix}0 & 0\\ 0 & a+b-2\end{pmatrix}^n\boldsymbol{P}^{-1}=\begin{pmatrix}a-1 & 1-a\\ 1-b & b-1\end{pmatrix}(a+b-2)^{n-1}.$$

把二项式展开式 $(a+b)^n=\sum_{k=0}^{n}C_n^k a^k b^{n-k}$ 正向和反向各使用一次，可得：

$$\begin{aligned}\boldsymbol{A}^n&=(\boldsymbol{B}+\boldsymbol{E})^n=\sum_{k=0}^{n}\boldsymbol{C}_n^k\boldsymbol{B}^k\boldsymbol{E}^{n-k}=\boldsymbol{E}+\Big[\sum_{k=1}^{n}\boldsymbol{C}_n^k(a+b-2)^{k-1}\Big]\boldsymbol{B}\ (\text{正向})\\ &=\boldsymbol{E}+\frac{1}{a+b-2}\Big[\sum_{k=0}^{n}\boldsymbol{C}_n^k(a+b-2)^{k-1}\cdot 1^{n-k}-1\Big]\boldsymbol{B}\\ &=\boldsymbol{E}+\frac{1}{a+b-2}\big[(a+b-2+1)^n-1\big]\boldsymbol{B}.\ (\text{反向})\end{aligned}$$

在上式两端取极限有

$$\begin{aligned}\lim_{n\to\infty}\boldsymbol{A}^n&=\boldsymbol{E}+\frac{1}{a+b-2}\big[\lim_{n\to\infty}(a+b-1)^n-1\big]\boldsymbol{B},\ (\text{因为 } 0<a+b-1<1)\\ &=\boldsymbol{E}-\frac{1}{a+b-2}\boldsymbol{B}=\frac{1}{a+b-2}\begin{pmatrix}b-1 & a-1\\ b-1 & a-1\end{pmatrix}.\end{aligned}$$

同步练习 4

1. (湖南大学, 2015 年) 已知 $\boldsymbol{A}^3=\boldsymbol{E}$，$\boldsymbol{B}=\boldsymbol{A}^2-2\boldsymbol{A}+2\boldsymbol{E}$，证明矩阵 $\boldsymbol{B}$ 可逆；并求出 $\boldsymbol{B}$ 的逆矩阵.
2. (湖南大学, 2017 年) 已知 $\boldsymbol{A}$ 为 n 阶方阵，证明：存在正整数 m，使得对任意整数 $s\geqslant m$，有 $r(\boldsymbol{A}^s)=r(\boldsymbol{A}^m)$.
3. 设 $\boldsymbol{A}\in M_n(C)$ 为幂零矩阵(即存在一个正整数 m 使得 $\boldsymbol{A}^m=0$)，定义 $\exp(\boldsymbol{A})=\sum_{k=1}^{+\infty}\dfrac{\boldsymbol{A}^k}{k!}$，

   证明：(1) $(\boldsymbol{E}-\boldsymbol{A})^{-1}=\boldsymbol{E}+\boldsymbol{A}+\cdots+\boldsymbol{A}^{m-1}$；

   (2) $\exp(\boldsymbol{A})$ 可逆，并且 $\exp(\boldsymbol{A})^{-1}=\exp(-\boldsymbol{A})$.
4. 设 $\boldsymbol{A}$ 为 $n(n\geqslant 2)$ 阶方阵，$\boldsymbol{A}^*$ 为 $\boldsymbol{A}$ 的伴随矩阵. 证明：

   (1) 如果 $|\boldsymbol{A}|=0$，则 $r(\boldsymbol{A}^*)=0$ 或者 $r(\boldsymbol{A}^*)=1$；

   (2) 令 M 表示 $\boldsymbol{A}^*$ 划去第 i 行和第 i 列得到的 $n-1$ 阶子式，则 $M=a_{ii}|\boldsymbol{A}|^{n-2}$.

5. (中南大学, 2014 年) 设 $\boldsymbol{A}$ 为 $n(n \geqslant 2)$ 阶方阵, $\boldsymbol{A}^*$ 为 $\boldsymbol{A}$ 的伴随矩阵. 证明: $(\boldsymbol{AB})^* = \boldsymbol{B}^*\boldsymbol{A}^*$.

6. (中南大学, 2009 年)(1) 证明: 对任何实矩阵 $\boldsymbol{A}$ 有

$$r(\boldsymbol{A}'\boldsymbol{A}) = r(\boldsymbol{A}\boldsymbol{A}')$$

其中$\boldsymbol{A}'$ 表示 $\boldsymbol{A}$ 的转置, $r(\boldsymbol{B})$ 表示 $\boldsymbol{B}$ 的秩.

(2) 设 $\boldsymbol{A}$ 为一个 n 阶方阵, 证明: 对于任何满足 $\mathrm{rank}(\boldsymbol{A}) < k \leqslant n$ 的 k, 必存在 n 阶方阵 $\boldsymbol{B}$ 使得 $r(\boldsymbol{A}) + r(\boldsymbol{B}) = r(\boldsymbol{A}+\boldsymbol{B}) = k$.

7. (中南大学, 2010 年) 已知 $\forall \boldsymbol{A} \in \mathbf{R}^{s\times n}$, $\boldsymbol{B} \in \mathbf{R}^{m\times n}$, 有

$$r(\boldsymbol{A}) + r(\boldsymbol{B}) - n \leqslant r(\boldsymbol{AB}),$$

证明: 对任何使乘积 $\boldsymbol{PQR}$ 有意义的实矩阵 $\boldsymbol{P}$, $\boldsymbol{Q}$, $\boldsymbol{R}$ 有

$$r(\boldsymbol{PQ}) + r(\boldsymbol{QR}) - r(\boldsymbol{Q}) \leqslant r(\boldsymbol{PQR}).$$

8. (中南大学, 2010 年) 设可逆实 $n\times n$ 矩阵 $\boldsymbol{A} = (a_{ij})$ 满足: $\forall i \neq j$, $a_{ij} \leqslant 0$ 且 $\boldsymbol{A}^{-1}$ 的所有元素非负. 证明: $\boldsymbol{A}$ 的主对角线元素全为正, 即

$$\forall i,\ a_{ii} > 0.$$

9. (中南大学, 2011 年) 设 $\boldsymbol{A}$ 为 $n\times p$ 矩阵, $\boldsymbol{B}$ 为 $p\times n$ 矩阵, $r(\boldsymbol{A}) = r$, $r(\boldsymbol{B}) = s$. 证明:

$$r + s - p \leqslant r(\boldsymbol{AB}) \leqslant \min\{r, s\}.$$

10. (中南大学, 2015 年) 设$\boldsymbol{A}$是一个n阶实方阵, 且$r(\boldsymbol{A}) \geqslant 1$. 若$|\boldsymbol{A}|$的每个元素都等于它自己的代数余子式. 证明: $|\boldsymbol{A}|$的每行, 每列都至少有一个元素不为零.

11. (中南大学, 2017 年)$\boldsymbol{A}$ 为 $m\times n$ 矩阵, $\boldsymbol{B}$ 为 $n\times m$ 矩阵, 为 n 阶单位矩阵.
证明: $r(\boldsymbol{A} - \boldsymbol{ABA}) = r(\boldsymbol{A}) + r(\boldsymbol{E}_n - \boldsymbol{BA}) - n$.

12. (中南大学, 2018 年) 矩阵 $\boldsymbol{A} = \begin{pmatrix} 1 & 2 & -2 \\ 3 & 4 & a \\ 1 & 2 & 2 \end{pmatrix}$, a 为常数, 矩阵 $\boldsymbol{B}$ 满足: $\boldsymbol{AB} = \boldsymbol{A} - \boldsymbol{B} + \boldsymbol{E}$($\boldsymbol{E}$ 为单位矩阵), $\boldsymbol{B} \neq \boldsymbol{E}$, 求证: $r(\boldsymbol{B} - \boldsymbol{E}) = 1$. 并求 a.

13. (中南大学, 2018 年) 证明: 向量组 $\boldsymbol{a}_1, \cdots, \boldsymbol{a}_s$ 线性无关 $\Leftrightarrow$ 存在$\boldsymbol{\beta}$, 使得$\boldsymbol{\beta}$ 可由该向量组线性表示, 但其不可由任意少于 s 个向量线性表示.

14. (中南大学, 2018 年)$\boldsymbol{A}$ 为 $m\times n$ 矩阵, 证明:

(1) 若 $\boldsymbol{A}$ 经过行变换为 $\boldsymbol{B}$, 则线性方程组 $\boldsymbol{AX} = \boldsymbol{0}$ 与 $\boldsymbol{BX} = \boldsymbol{0}$ 同解.

(2) 与 $\boldsymbol{AX} = 0$ 的基础解系等价的任何线性无关向量组都是 $\boldsymbol{AX} = \boldsymbol{0}$ 的基础解系.

15. (湖南师范大学, 2015 年) 求矩阵$(\boldsymbol{E}+\boldsymbol{A})^{-1} - \boldsymbol{E}$, 其中矩阵 $\boldsymbol{A}$ 为

$$\boldsymbol{A} = \begin{pmatrix} 0 & 0 & 0 & 0 \\ 2 & 0 & 0 & 0 \\ 3 & 2 & 0 & 0 \\ 4 & 3 & 2 & 0 \end{pmatrix}.$$

16. (湖南师范大学, 2015 年) 用$r(\boldsymbol{A})$ 表示矩阵A的秩, 证明: 如果$r(\boldsymbol{B}) = r(\boldsymbol{AB})$, 则对任意的矩阵 $\boldsymbol{C}$ 有 $r(\boldsymbol{ABC}) = r(\boldsymbol{BC})$.

17. (湖南师范大学, 2016 年) 若 n 阶方阵 $\boldsymbol{A}$ 的每一行元素之和是一个定值, 这样的矩阵我们称之为n阶行等和矩阵. 试证明: 如果$\boldsymbol{A}$, $\boldsymbol{B}$都是n阶行等和矩阵, k是任意的数, 那么$\boldsymbol{A}+\boldsymbol{B}$, $k\boldsymbol{A}$, $k\boldsymbol{B}$ 都是 n 阶行等和矩阵.

18. (湖南师范大学, 2018 年) 设 $\boldsymbol{A}$ 为实数域 $\mathbf{R}$ 上的 n 阶方阵, 证明:

(1) $r(\boldsymbol{A}) = r(\boldsymbol{A}'\boldsymbol{A})$, 其中 $\boldsymbol{A}'$ 为 $\boldsymbol{A}$ 的转置.

(2) 若 $r(\boldsymbol{A}) = r$, 且 $\boldsymbol{A}' = \boldsymbol{A}$, 则 $\boldsymbol{A}$ 中存在一个秩为 r 的 r 阶主子阵 $\boldsymbol{M}$. ($\boldsymbol{A}$ 的主子阵为 $\boldsymbol{A}$ 中行标号与列标号完全相同子阵)

19. (湖南师范大学, 2020 年) 用 $r_{\boldsymbol{A}}$ 表示方阵 $\boldsymbol{A}$ 的秩, $\boldsymbol{A}$, $\boldsymbol{B}$ 都是 n 阶方阵, 证明:

(1) $r_{\boldsymbol{AB}} \geqslant r_{\boldsymbol{A}} + r_{B} - n$.

(2) 如果 $r_{\boldsymbol{A}^2} = r_{\boldsymbol{A}^3}$, 则有 $r_{\boldsymbol{A}^3} = r_{\boldsymbol{A}^4}$.

第 5 章　向量空间

本章集中讨论向量空间的结构和基本结论及其应用.

一、基本概念与重要结论

1. 向量空间及子空间

设 V 是非空(向量)集合, F 是一个数域. V 中有一个向量和运算: $\boldsymbol{\alpha}, \boldsymbol{\beta} \in V$, $\boldsymbol{\alpha}+\boldsymbol{\beta} \in V$; F 中的数与 V 中的向量有个数乘运算: $\boldsymbol{\alpha} \in V$, $k \in F$, $k\boldsymbol{\alpha} \in V$; 并且满足:

(1) $\boldsymbol{\alpha}+\boldsymbol{\beta}=\boldsymbol{\beta}+\boldsymbol{\alpha}$;　(2) $(\boldsymbol{\alpha}+\boldsymbol{\beta})+\boldsymbol{\gamma}=\boldsymbol{\alpha}+(\boldsymbol{\beta}+\boldsymbol{\gamma})$;

(3) $\boldsymbol{\alpha}+\mathbf{0}=\boldsymbol{\alpha}$;　(4) $\boldsymbol{\alpha}+(-\boldsymbol{\alpha})=\mathbf{0}$;

(5) $(\lambda+\mu)\boldsymbol{\alpha}=\lambda\boldsymbol{\alpha}+\mu\boldsymbol{\alpha}$.　(6) $\lambda(\mu\boldsymbol{\alpha})=(\lambda\mu)\boldsymbol{\alpha}$;

(7) $\lambda(\boldsymbol{\alpha}+\boldsymbol{\beta})=\lambda\boldsymbol{\alpha}+\lambda\boldsymbol{\beta}$;　(8) $1\cdot\boldsymbol{\alpha}=\boldsymbol{\alpha}$;

则称 V 是数域 F 上的一个**向量空间**.

设非空集合 W 为向量空间 V 的子集, 如果对 V 的向量的和及向量的数乘也作成一个向量空间, 则称 W 是 V 的一个**子空间**.

W 是 V 的子空间的一个充要条件是: $W \neq \varnothing$, $\forall a, b \in F$, $\forall \boldsymbol{\alpha}, \boldsymbol{\beta} \in V$ 有 $a\boldsymbol{\alpha}+b\boldsymbol{\beta} \in W$.

任意向量空间都不会是其有限个真子空间的并.

2. 线性相关与线性无关

对 m 个 n 维向量: $\boldsymbol{\alpha}_1, \boldsymbol{\alpha}_2, \cdots, \boldsymbol{\alpha}_m$, 若存在不全为零的数 $c_1, c_1, \cdots, c_m$ 使得

$$c_1\boldsymbol{\alpha}_1+c_2\boldsymbol{\alpha}_2+\cdots+c_m\boldsymbol{\alpha}_m=\mathbf{0}$$

则称向量组 $\boldsymbol{\alpha}_1, \boldsymbol{\alpha}_2, \cdots, \boldsymbol{\alpha}_m$ **线性相关**, 否则称向量组 $\boldsymbol{\alpha}_1, \boldsymbol{\alpha}_2, \cdots, \boldsymbol{\alpha}_m$ **线性无关**. 当向量组线性无关时, 称这个向量组是**线性无关(向量)组**.

$\boldsymbol{\alpha}_1, \boldsymbol{\alpha}_2, \cdots, \boldsymbol{\alpha}_m$ 线性无关的充分必要条件是 $c_1\boldsymbol{\alpha}_1+c_2\boldsymbol{\alpha}_2+\cdots+c_m\boldsymbol{\alpha}_m=\mathbf{0}$ 成立, 当且仅当 $c_1=c_2=\cdots=c_m=0$.

由向量组的线性相关性, 可以得到以下结论:

(1) 零向量是线性相关的. 因为对任意非零常数 k, 使 $k\cdot\mathbf{0}=\mathbf{0}$, 所以线性相关.

(2) 任一非零向量线性无关. 因为要使 $k\cdot\boldsymbol{\alpha}=\mathbf{0}$, $\boldsymbol{\alpha}\neq\mathbf{0}$, 只有 $k=0$, 所以线性无关.

(3) 两个向量线性相关的充要条件是它们的分量对应成比例.

设有两个 n 维向量组 $\boldsymbol{A}$: $\boldsymbol{\alpha}_1, \boldsymbol{\alpha}_2, \cdots, \boldsymbol{\alpha}_r$, $\boldsymbol{B}$: $\boldsymbol{\beta}_1, \boldsymbol{\beta}_2, \cdots, \boldsymbol{\beta}_s$. 如果向量组 $\boldsymbol{A}$ 中的每个向量都能由 $\boldsymbol{B}$ 组的向量线性表示, 则称**向量组 $\boldsymbol{A}$ 能由向量组 $\boldsymbol{B}$ 线性表示**. 如果向量组 $\boldsymbol{A}$ 能由向量组 $\boldsymbol{B}$ 线性表示, 且向量组 $\boldsymbol{B}$ 也能由向量组 $\boldsymbol{A}$ 线性表示, 则称**向量组 $\boldsymbol{A}$ 与向量组 $\boldsymbol{B}$ 等价**.

向量组 $\boldsymbol{\alpha}_1, \boldsymbol{\alpha}_2, \cdots, \boldsymbol{\alpha}_m (m\geqslant 2)$ 线性相关的充分必要条件是这个向量组中至少有一个向

量可由其余向量线性表示.

若 n 维向量组 $\boldsymbol{\alpha}_1, \boldsymbol{\alpha}_2, \cdots, \boldsymbol{\alpha}_m$ 有一部分向量线性相关，则该向量组也线性相关.

特别地，包含零向量的向量组是线性相关的.

设 $\boldsymbol{\alpha}_1, \boldsymbol{\alpha}_2, \cdots, \boldsymbol{\alpha}_m$ 线性无关，而 $\boldsymbol{\alpha}_1, \boldsymbol{\alpha}_2, \cdots, \boldsymbol{\alpha}_m, \boldsymbol{\beta}$ 线性相关，则 $\boldsymbol{\beta}$ 能由 $\boldsymbol{\alpha}_1, \boldsymbol{\alpha}_2, \cdots, \boldsymbol{\alpha}_m$ **线性表示**，且表示法是唯一的.

设有两个向量组：

（Ⅰ）$\boldsymbol{\alpha}_j = (\alpha_{1j}, \alpha_{2j}, \cdots, \alpha_{rj})^{\mathrm{T}}, (j = 1, 2, \cdots, m)$；

（Ⅱ）$\boldsymbol{\beta}_j = (\alpha_{1j}, \alpha_{2j}, \cdots, \alpha_{rj}, \alpha_{r+1j})^{\mathrm{T}}, (j = 1, 2, \cdots, m)$；

即 $\boldsymbol{\beta}_j$ 是由 $\boldsymbol{\alpha}_j$ 添加一个分量而得. 若（Ⅰ）组向量线性无关，则（Ⅱ）组向量也线性无关.

r 维向量组的每个向量在相同位置添上 $n-r$ 个分量，成为 n 维向量组. 若 r 维向量组线性无关，则 n 维向量组也线性无关. 反之，若 n 维向量组线性相关，则 r 维向量组亦线性相关.

比如，$(1, 0)^{\mathrm{T}}, (0, 1)^{\mathrm{T}}$ 线性无关；$(2, 1, 1, 0)^{\mathrm{T}}, (3, 4, 0, 1)^{\mathrm{T}}$ 也线性无关.

3. 向量组的秩和极大无关组

设 $\boldsymbol{A} = (\boldsymbol{\alpha}_1, \boldsymbol{\alpha}_2, \cdots, \boldsymbol{\alpha}_r)$，对矩阵 $\boldsymbol{A}$ 进行初等的行变换得到矩阵 $\boldsymbol{B} = (\boldsymbol{\beta}_1, \boldsymbol{\beta}_2, \cdots, \boldsymbol{\beta}_s)$，则向量组 $\boldsymbol{\alpha}_1, \boldsymbol{\alpha}_2, \cdots, \boldsymbol{\alpha}_r$；与 $\boldsymbol{\beta}_1, \boldsymbol{\beta}_2, \cdots, \boldsymbol{\beta}_s$ 有相同的线性相关性.

特别要注意的是，上述结论提供了求最大无关组的依据，即任何一组向量都可以求出它的最大无关组，并且能求出其余向量由这组向量的具体表示.

例如，设 $\boldsymbol{A} = \begin{pmatrix} 1 & 1 & 1 \\ 2 & 3 & 1 \\ 1 & 4 & 3 \end{pmatrix}$，$\boldsymbol{B} = \begin{pmatrix} 1 & 1 & 1 & 4 \\ 2 & 3 & 1 & 9 \\ 1 & 4 & 3 & 12 \end{pmatrix}$. 易知矩阵 $\boldsymbol{A}$ 可以通过初等的行变换化为 $\begin{pmatrix} 1 & 0 & 0 \\ 0 & 1 & 0 \\ 0 & 0 & 1 \end{pmatrix}$，可以看出向量组 $(1, 0, 0)^{\mathrm{T}}, (0, 1, 0)^{\mathrm{T}}, (0, 0, 1)^{\mathrm{T}}$ 线性无关，因此向量组 $(1, 2, 1)^{\mathrm{T}}, (1, 3, 4)^{\mathrm{T}}, (1, 1, 3)^{\mathrm{T}}$ 也线性无关.

矩阵 $\boldsymbol{B}$ 可以通过初等的行变换化为 $\begin{pmatrix} 1 & 0 & 0 & 1 \\ 0 & 1 & 0 & 2 \\ 0 & 0 & 1 & 1 \end{pmatrix}$，可以看出向量组 $\boldsymbol{\alpha}_1 = (1, 0, 0)^{\mathrm{T}}, \boldsymbol{\alpha}_2 = (0, 1, 0)^{\mathrm{T}}, \boldsymbol{\alpha}_3 = (0, 0, 1)^{\mathrm{T}}, \boldsymbol{\alpha}_4 = (1, 2, 1)^{\mathrm{T}}$ 满足 $\boldsymbol{\alpha}_4 = \boldsymbol{\alpha}_1 + 2\boldsymbol{\alpha}_2 + \boldsymbol{\alpha}_3$；因此向量组 $\boldsymbol{\beta}_1 = (1, 2, 1)^{\mathrm{T}}, \boldsymbol{\beta}_2 = (1, 3, 4)^{\mathrm{T}}, \boldsymbol{\beta}_3 = (1, 1, 3)^{\mathrm{T}}, \boldsymbol{\beta}_4 = (4, 9, 12)^{\mathrm{T}}$ 也满足 $\boldsymbol{\beta}_4 = \boldsymbol{\beta}_1 + 2\boldsymbol{\beta}_2 + \boldsymbol{\beta}_3$.

设有向量组（Ⅰ）：$\boldsymbol{\alpha}_1, \boldsymbol{\alpha}_2, \cdots, \boldsymbol{\alpha}_r$ 及向量组（Ⅱ）：$\boldsymbol{\beta}_1, \boldsymbol{\beta}_2, \cdots, \boldsymbol{\beta}_s$，如果（Ⅰ）组能由（Ⅱ）组线性表示，且（Ⅰ）组线性无关，则 $r \leqslant s$. 并且可用（Ⅰ）的向量替换（Ⅱ）中的 r 个向量，所得向量组与（Ⅱ）向量组等价.

等价的线性无关的向量组所含向量的个数相等.

设有向量组 $\boldsymbol{A}$，如果

(1) 在 $\boldsymbol{A}$ 中有 r 个向量 $\boldsymbol{\alpha}_1, \boldsymbol{\alpha}_2, \cdots, \boldsymbol{\alpha}_r$ 线性无关；

(2) $\boldsymbol{A}$ 中任意一个向量都可由 $\boldsymbol{\alpha}_1, \boldsymbol{\alpha}_2, \cdots, \boldsymbol{\alpha}_r$ 表示，

则称 $\boldsymbol{\alpha}_1, \boldsymbol{\alpha}_2, \cdots, \boldsymbol{\alpha}_r$ 是向量组 $\boldsymbol{A}$ 的一个最大线性无关向量组，简称**最大无关组（或极大无关组）**.

向量组的最大无关组一般不唯一，但所含向量的个数相同，个数 r 称为**向量组 $\boldsymbol{A}$ 的秩**. 只

含零向量的向量组的秩规定为0.

例如，向量组$\boldsymbol{A}$：$\boldsymbol{\alpha}_1=(1,1,2)$，$\boldsymbol{\alpha}_2=(2,3,1)$，$\boldsymbol{\alpha}_3=(3,4,3)$. 因为$\boldsymbol{\alpha}_1$，$\boldsymbol{\alpha}_2$线性无关，且$\boldsymbol{\alpha}_3=\boldsymbol{\alpha}_1+\boldsymbol{\alpha}_2$，所以$\boldsymbol{\alpha}_1$，$\boldsymbol{\alpha}_2$是向量组$\boldsymbol{A}$的一个最大线性无关向量组. 同理，$\boldsymbol{\alpha}_2$，$\boldsymbol{\alpha}_3$或$\boldsymbol{\alpha}_1$，$\boldsymbol{\alpha}_3$，也都是它的最大无关组.

向量组线性无关的充要条件是它所含向量的个数等于它的秩.

显然，任何n个线性无关的n维向量都是$\mathbf{R}^n$的最大无关组.

设矩阵$\boldsymbol{A}$的某个r阶子式D是$\boldsymbol{A}$的最高阶非零子式，则D所在的r个行向量及r个列向量分别是矩阵$\boldsymbol{A}$的行向量组和列向量组的一个最大无关组.

矩阵$\boldsymbol{A}$的秩等于$\boldsymbol{A}$的行向量组的秩(行秩)，也等于$\boldsymbol{A}$的列向量组的秩(列秩).

设向量组$\boldsymbol{A}$：$\boldsymbol{\alpha}_1$，$\boldsymbol{\alpha}_2$，…，$\boldsymbol{\alpha}_r$是向量组T的一个最大无关组，则向量组$\boldsymbol{A}$与向量组T等价.

设向量组$\boldsymbol{A}$的秩为r_1，向量组$\boldsymbol{B}$的秩为r_2，若$\boldsymbol{A}$组能由$\boldsymbol{B}$组线性表示，则$r_1\leqslant r_2$.

等价的向量组有相同的秩.

4. 向量空间的基

设V为向量空间，V中的向量组$\boldsymbol{\alpha}_1$，$\boldsymbol{\alpha}_2$，…，$\boldsymbol{\alpha}_m$满足

(1) $\boldsymbol{\alpha}_1$，$\boldsymbol{\alpha}_2$，…，$\boldsymbol{\alpha}_m$线性无关；

(2) V中任意向量$\boldsymbol{\alpha}$都可由$\boldsymbol{\alpha}_1$，$\boldsymbol{\alpha}_2$，…，$\boldsymbol{\alpha}_m$线性表示，

则称向量组$\boldsymbol{\alpha}_1$，$\boldsymbol{\alpha}_2$，…，$\boldsymbol{\alpha}_m$为向量空间V的一组**基**.

一个向量空间可能有很多组基，基是线性无关的向量组，不同基之间可以相互表示，所以向量空间的每组基的向量个数是一样的. 基的向量个数m称为V的**维数**，记为$\dim(V)$即$\dim(V)=m$，并称向量空间V为m维向量空间.

零空间没有基，规定它的维数为0. 任意n个线性无关的向量都可以作为向量空间$\mathbf{R}^n$的一组基.

设n维行向量组(1)：$\boldsymbol{\alpha}_1$，$\boldsymbol{\alpha}_2$，…，$\boldsymbol{\alpha}_r$构成矩阵

$$\boldsymbol{A}=\begin{pmatrix}\boldsymbol{\alpha}_1\\ \boldsymbol{\alpha}_2\\ \vdots\\ \boldsymbol{\alpha}_r\end{pmatrix}=\begin{pmatrix}a_{11}&a_{12}&\cdots&a_{1n}\\ a_{21}&a_{22}&\cdots&a_{2n}\\ \vdots&\vdots&&\vdots\\ a_{r1}&a_{r2}&\cdots&a_{rn}\end{pmatrix},$$

则当$r\leqslant n$时，向量组(1)线性无关的充分必要条件是矩阵$\boldsymbol{A}$中存在一个不等于零的r阶子式.

n个n维向量线性无关的充要条件是它们所构成的方阵行列式不等于零.

含n个方程的n元齐次线性方程组$\boldsymbol{A}\boldsymbol{x}=0$有非零解的充要条件是系数行列式$|\boldsymbol{A}|=0$.

当$m>n$时，m个n维的向量组$\boldsymbol{\alpha}_1$，…，$\boldsymbol{\alpha}_n$，…，$\boldsymbol{\alpha}_m$必定线性相关.

如果在$m\times n$矩阵$\boldsymbol{A}$中有一个r阶子式$D\neq 0$，则含有D的相应元素的r个行向量及r个列向量都线性无关. 如果$\boldsymbol{A}$中所有的r阶子式全为零，则$\boldsymbol{A}$的任意r个行向量及任意r个列向量都线性相关.

5. 向量组与矩阵

设向量组$\boldsymbol{\alpha}_i=(\alpha_{i1},\alpha_{i2},\cdots,\alpha_{in})$，$(i=1,2,\cdots,m)$可以构成矩阵

$$A=\begin{pmatrix} a_{11} & a_{12} & \cdots & a_{1n} \\ a_{21} & a_{22} & \cdots & a_{2n} \\ \vdots & \vdots & & \vdots \\ a_{m1} & a_{m2} & \cdots & a_{mn} \end{pmatrix}=\begin{pmatrix} \boldsymbol{\alpha}_1 \\ \boldsymbol{\alpha}_2 \\ \vdots \\ \boldsymbol{\alpha}_m \end{pmatrix},$$

$\boldsymbol{A}$ 称为由向量组 $\boldsymbol{\alpha}_1, \boldsymbol{\alpha}_2, \cdots, \boldsymbol{\alpha}_m$ 所构成的矩阵，$\boldsymbol{\alpha}_i$ 称为矩阵 $\boldsymbol{A}$ 的第 i 个行向量，所以一个含有限个向量的向量组，总可以看成由一个矩阵的全体行向量所构成.

$m\times n$ 矩阵 $\boldsymbol{A}$ 有 m 个 n 维行向量，同时它又有 n 个 m 维列向量

$$A=\begin{pmatrix} a_{11} & a_{12} & \cdots & a_{1n} \\ a_{21} & a_{22} & \cdots & a_{2n} \\ \vdots & \vdots & & \vdots \\ a_{m1} & a_{m2} & \cdots & a_{mn} \end{pmatrix}=(\boldsymbol{\beta}_1, \boldsymbol{\beta}_2, \cdots, \boldsymbol{\beta}_n)$$

从而 $\boldsymbol{A}$ 可记为

$$A=\begin{pmatrix} \boldsymbol{\alpha}_1 \\ \boldsymbol{\alpha}_2 \\ \vdots \\ \boldsymbol{\alpha}_m \end{pmatrix}, \text{或} A=(\boldsymbol{\beta}_1, \boldsymbol{\beta}_2, \cdots, \boldsymbol{\beta}_n).$$

一个含有限个向量的向量组可构成矩阵. 相反，一个矩阵也可以看作由有限个行向量(或列向量)所构成的向量组. 可见矩阵与向量组在形式上能够互相转化，因此可用矩阵讨论向量组的有关问题.

按向量组线性相关的定义，可知矩阵 $\boldsymbol{A}$ 的列向量组 $\boldsymbol{\beta}_1, \boldsymbol{\beta}_2, \cdots, \boldsymbol{\beta}_n$ 线性相关的充分必要条件是齐次线性方程

$$x_1\boldsymbol{\beta}_1+x_2\boldsymbol{\beta}_2+\cdots+x_n\boldsymbol{\beta}_n=\boldsymbol{0},$$

即

$$(\boldsymbol{\beta}_1, \boldsymbol{\beta}_2, \cdots, \boldsymbol{\beta}_n)\begin{pmatrix} x_1 \\ x_2 \\ \vdots \\ x_n \end{pmatrix}=\boldsymbol{0} \text{ 或 } \boldsymbol{Ax}=\boldsymbol{0}$$

有非零解，其中 $\boldsymbol{x}=(x_1, x_2, \cdots, x_n)'$.

列向量 $\boldsymbol{b}$ 能由 $\boldsymbol{\beta}_1, \boldsymbol{\beta}_2, \cdots, \boldsymbol{\beta}_n$ 线性表示的充要条件是线性方程组

$$x_1\boldsymbol{\beta}_1+x_2\boldsymbol{\beta}_2+\cdots+x_n\boldsymbol{\beta}_n=\boldsymbol{b}, \quad \text{即} \quad \boldsymbol{Ax}=\boldsymbol{b}$$

有解.

类似地，矩阵 $\boldsymbol{A}$ 的行向量组 $\boldsymbol{\alpha}_1, \boldsymbol{\alpha}_2, \cdots, \boldsymbol{\alpha}_m$ 线性相关的充分必要条件是齐次线性方程组

$$x_1\boldsymbol{\alpha}_1+x_2\boldsymbol{\alpha}_2+\cdots+x_m\boldsymbol{\alpha}_m=\boldsymbol{0},$$

即 $\boldsymbol{x}^{\mathrm{T}}\boldsymbol{A}=\boldsymbol{0}$(或 $\boldsymbol{A}^{\mathrm{T}}\boldsymbol{x}=\boldsymbol{0}$) 有非零解，其中 $\boldsymbol{x}=(x_1, x_2, \cdots, x_n)'$.

行向量 $\boldsymbol{\beta}$ 能由行向量组 $\boldsymbol{\alpha}_1, \boldsymbol{\alpha}_2, \cdots, \boldsymbol{\alpha}_m$ 线性表示的充分必要条件是线性方程组

$$x_1\boldsymbol{\alpha}_1+x_2\boldsymbol{\alpha}_2+\cdots+x_m\boldsymbol{\alpha}_m=\boldsymbol{\beta},$$

即 $\boldsymbol{A}^{\mathrm{T}}\boldsymbol{x}=\boldsymbol{\beta}^{\mathrm{T}}$ 有解.

设齐次方程组的每一个方程的系数看成一个行向量，若两个齐次方程组所对应的行向量

组等价，则两个齐次方程组同解.

向量组 $\boldsymbol{A}$ 能由向量组 $\boldsymbol{B}$ 线性表示，也就是存在 $k_{ij}(i=1,2,\cdots,r;j=1,2,\cdots,s)$，使

$$\boldsymbol{\alpha}_i=k_{i1}\boldsymbol{\beta}_1+k_{i2}\boldsymbol{\beta}_2+\cdots+k_{is}\boldsymbol{\beta}_s(i=1,2,\cdots,r).$$

当 $\boldsymbol{\alpha}_i$，$\boldsymbol{\beta}_i$ 为行向量时，记

$$\boldsymbol{A}=\begin{pmatrix}\boldsymbol{\alpha}_1\\\boldsymbol{\alpha}_2\\\vdots\\\boldsymbol{\alpha}_r\end{pmatrix},\ \boldsymbol{B}=\begin{pmatrix}\boldsymbol{\beta}_1\\\boldsymbol{\beta}_2\\\vdots\\\boldsymbol{\beta}_s\end{pmatrix},$$

即有矩阵 $\boldsymbol{K}=(k_{ij})_{r\times s}$，使 $\boldsymbol{A}=\boldsymbol{KB}$.

对于列向量组 $\boldsymbol{A}$：$\boldsymbol{\alpha}_1,\boldsymbol{\alpha}_2,\cdots,\boldsymbol{\alpha}_r$；及 $\boldsymbol{B}$：$\boldsymbol{\beta}_1,\boldsymbol{\beta}_2,\cdots,\boldsymbol{\beta}_s$，记

$$\boldsymbol{A}=(\boldsymbol{\alpha}_1,\boldsymbol{\alpha}_2,\cdots,\boldsymbol{\alpha}_r),\ \boldsymbol{B}=(\boldsymbol{\beta}_1,\boldsymbol{\beta}_2,\cdots,\boldsymbol{\beta}_s),$$

$\boldsymbol{A}$ 组能由 $\boldsymbol{B}$ 组线性表示，存在矩阵 $\boldsymbol{K}=(k_{ij})_{s\times r}$，使 $\boldsymbol{A}=\boldsymbol{BK}$.

6. 向量子空间

设 W_1，W_2 是 V 的两个子空间，记 $W_1+W_2=\{\boldsymbol{\alpha}_1+\boldsymbol{\alpha}_2\mid\boldsymbol{\alpha}_1\in W_1,\boldsymbol{\alpha}_2\in W_2\}$，则 W_1+W_2 也是 V 的子空间，称 W_1+W_2 为 W_1 与 W_2 的和子空间；或者称 W_1+W_2 为 W_1 与 W_2 的和.

若 $W_1\cap W_2=\varnothing$，W_1 与 W_2 的和子空间 W_1+W_2 为 W_1 与 W_2 的**直和**，记做：$W_1\oplus W_2$.

若 $V=W_1\oplus W_2$，称 W_2 为 W_1 的**余子空间**. 一个非平凡子空间有无穷多个余子空间.

W_1 是 n 维向量空间 V 的一个非平凡子空间，$\boldsymbol{\alpha}_1,\boldsymbol{\alpha}_2,\cdots,\boldsymbol{\alpha}_m$ 是 W_1 的一个基，把 $\boldsymbol{\alpha}_1,\boldsymbol{\alpha}_2,\cdots,\boldsymbol{\alpha}_m$ 扩充成 V 的一个基 $\boldsymbol{\alpha}_1,\boldsymbol{\alpha}_2,\cdots,\boldsymbol{\alpha}_m,\boldsymbol{\alpha}_{m+1},\cdots,\boldsymbol{\alpha}_n$，则 $W_2=L(\boldsymbol{\alpha}_{m+1},\cdots,\boldsymbol{\alpha}_n)$ 就是 W_1 的一个余子空间.

7. 向量空间的维数与坐标

在 $\mathbf{R}^n$ 中，单位向量组：$\boldsymbol{\varepsilon}_1=(1,0,\cdots,0)$，$\boldsymbol{\varepsilon}_2=(0,1,\cdots,0)$，$\cdots$，$\boldsymbol{\varepsilon}_n=(0,0,\cdots,1)$ 线性无关；$\mathbf{R}^n$ 中任意一个向量 $\boldsymbol{\alpha}=(\alpha_1,\alpha_2,\cdots,\alpha_n)$ 满足 $\boldsymbol{\alpha}=\boldsymbol{\varepsilon}_1\alpha_1+\boldsymbol{\varepsilon}_2\alpha_2+\cdots+\boldsymbol{\varepsilon}_n\alpha_n$. 若 $\boldsymbol{\varepsilon}_1,\boldsymbol{\varepsilon}_2,\cdots,\boldsymbol{\varepsilon}_n$ 是 $\mathbf{R}^n$ 的一个基，则称其为 V 的**标准基**. 因为 $\dim(\mathbf{R}^n)=n$，则称 $\mathbf{R}^n$ 为 n 维向量空间.

由向量组 $\boldsymbol{\alpha}_1,\boldsymbol{\alpha}_2,\cdots,\boldsymbol{\alpha}_m$ 所生成的向量空间记为：

$$L(\boldsymbol{\alpha}_1,\boldsymbol{\alpha}_2,\cdots,\boldsymbol{\alpha}_m)=\{\boldsymbol{\alpha}=\lambda_1\boldsymbol{\alpha}_1+\lambda_2\boldsymbol{\alpha}_2+\cdots+\lambda_m\boldsymbol{\alpha}_m\mid\lambda_1,\lambda_2,\cdots,\lambda_m\in\mathbf{R}\}$$

因为向量组 $\boldsymbol{\alpha}_1,\boldsymbol{\alpha}_2,\cdots,\boldsymbol{\alpha}_m$ 与向量空间 $L(\boldsymbol{\alpha}_1,\boldsymbol{\alpha}_2,\cdots,\boldsymbol{\alpha}_m)$ 的最大无关组等价，所以向量组 $\boldsymbol{\alpha}_1,\boldsymbol{\alpha}_2,\cdots,\boldsymbol{\alpha}_m$ 的最大无关组就是 $L(\boldsymbol{\alpha}_1,\boldsymbol{\alpha}_2,\cdots,\boldsymbol{\alpha}_m)$ 的一个基，向量组 $\boldsymbol{\alpha}_1,\boldsymbol{\alpha}_2,\cdots,\boldsymbol{\alpha}_m$ 的秩就是 $L(\boldsymbol{\alpha}_1,\boldsymbol{\alpha}_2,\cdots,\boldsymbol{\alpha}_m)$ 的**维数**.

向量空间 W_1 和 W_2 的维数满足：

$$\dim(W_1+W_2)=\dim(W_1)+\dim(W_2)-\dim(W_1\cap W_2);$$

特别地，$\dim(W_1\oplus W_2)=\dim(W_1)+\dim(W_2)$.

若 $\boldsymbol{\alpha}_1,\boldsymbol{\alpha}_2,\cdots,\boldsymbol{\alpha}_m$ 是向量空间的一个基，则对 $\forall\boldsymbol{\alpha}\in V$，存在唯一一组有序数 $x_1,x_2,\cdots,x_m$ 使 $\boldsymbol{\alpha}=x_1\boldsymbol{\alpha}_1+x_2\boldsymbol{\alpha}_2+\cdots+x_m\boldsymbol{\alpha}_m$. 有序数组 $x_1,x_2,\cdots,x_m$ 称为向量 $\boldsymbol{\alpha}$ 在基 $\boldsymbol{\alpha}_1,\boldsymbol{\alpha}_2,\cdots,\boldsymbol{\alpha}_m$ 下的**坐标**，记为 $\boldsymbol{x}=(x_1,x_2,\cdots,x_m)$.

显然，向量 $\boldsymbol{\alpha}=(\alpha_1,\alpha_2,\cdots,\alpha_n)\in\mathbf{R}^n$ 在标准基 $\boldsymbol{\varepsilon}_1,\boldsymbol{\varepsilon}_2,\cdots,\boldsymbol{\varepsilon}_n$ 下的坐标为 $(\alpha_1,\alpha_2,\cdots,\alpha_n)$.

下面来讨论向量空间中的同一向量在不同基下坐标的关系.

设 $\boldsymbol{\alpha}_1, \boldsymbol{\alpha}_2, \cdots, \boldsymbol{\alpha}_n$ 与 $\boldsymbol{\beta}_1, \boldsymbol{\beta}_2, \cdots, \boldsymbol{\beta}_n$ 是 n 维向量空间 $\mathbf{R}^n$ 的两组基，则后一组基可用前一组基表示：

$$\begin{cases}\boldsymbol{\beta}_1 = t_{11}\boldsymbol{\alpha}_1 + t_{21}\boldsymbol{\alpha}_2 + \cdots + t_{n1}\boldsymbol{\alpha}_n \\ \boldsymbol{\beta}_2 = t_{12}\boldsymbol{\alpha}_1 + t_{22}\boldsymbol{\alpha}_2 + \cdots + t_{n2}\boldsymbol{\alpha}_n \\ \qquad\qquad \vdots \\ \boldsymbol{\beta}_n = t_{1n}\boldsymbol{\alpha}_1 + t_{2n}\boldsymbol{\alpha}_2 + \cdots + t_{nn}\boldsymbol{\alpha}_n\end{cases}$$

上式称为两组基之间的变换公式，写成矩阵形式，即

$$(\boldsymbol{\beta}_1, \boldsymbol{\beta}_2, \cdots, \boldsymbol{\beta}_n) = (\boldsymbol{\alpha}_1, \boldsymbol{\alpha}_2, \cdots, \boldsymbol{\alpha}_n)\begin{pmatrix} t_{11} & t_{12} & \cdots & t_{1n} \\ t_{21} & t_{22} & \cdots & t_{2n} \\ \vdots & \vdots & & \vdots \\ t_{n1} & t_{n2} & \cdots & t_{nn}\end{pmatrix},$$

其中矩阵

$$\boldsymbol{T} = \begin{pmatrix} t_{11} & t_{12} & \cdots & t_{1n} \\ t_{21} & t_{22} & \cdots & t_{2n} \\ \vdots & \vdots & & \vdots \\ t_{n1} & t_{n2} & \cdots & t_{nn}\end{pmatrix}$$

称为由基 $\boldsymbol{\alpha}_1, \boldsymbol{\alpha}_2, \cdots, \boldsymbol{\alpha}_n$ 到基 $\boldsymbol{\beta}_1, \boldsymbol{\beta}_2, \cdots, \boldsymbol{\beta}_n$ 的**过渡矩阵**.

设向量 $\boldsymbol{\alpha}$ 在上述两组基下的坐标分别为 $(x_1, x_2, \cdots, x_n)$ 和 $(y_1, y_2, \cdots, y_n)$，即

$$\boldsymbol{\alpha} = x_1\boldsymbol{\alpha}_1 + x_2\boldsymbol{\alpha}_2 + \cdots + x_n\boldsymbol{\alpha}_n = y_1\boldsymbol{\beta}_1 + y_2\boldsymbol{\beta}_2 + \cdots + y_n\boldsymbol{\beta}_n$$

或

$$\boldsymbol{\alpha} = (\boldsymbol{\alpha}_1, \boldsymbol{\alpha}_2, \cdots, \boldsymbol{\alpha}_n)\begin{pmatrix} x_1 \\ x_2 \\ \vdots \\ x_n\end{pmatrix} = (\boldsymbol{\beta}_1, \boldsymbol{\beta}_2, \cdots, \boldsymbol{\beta}_n)\begin{pmatrix} y_1 \\ y_2 \\ \vdots \\ y_n\end{pmatrix}.$$

所以

$$\boldsymbol{\alpha} = (\boldsymbol{\alpha}_1, \boldsymbol{\alpha}_2, \cdots, \boldsymbol{\alpha}_n)\begin{pmatrix} x_1 \\ x_2 \\ \vdots \\ x_n\end{pmatrix} = (\boldsymbol{\alpha}_1, \boldsymbol{\alpha}_2, \cdots, \boldsymbol{\alpha}_n)\begin{pmatrix} t_{11} & t_{12} & \cdots & t_{1n} \\ t_{21} & t_{22} & \cdots & t_{2n} \\ \vdots & \vdots & & \vdots \\ t_{n1} & t_{n2} & \cdots & t_{nn}\end{pmatrix}\begin{pmatrix} y_1 \\ y_2 \\ \vdots \\ y_n\end{pmatrix}.$$

由 $\boldsymbol{\alpha}_1, \boldsymbol{\alpha}_2, \cdots, \boldsymbol{\alpha}_n$ 的线性无关性，从而

$$\begin{pmatrix} x_1 \\ x_2 \\ \vdots \\ x_n\end{pmatrix} = \boldsymbol{T}\begin{pmatrix} y_1 \\ y_2 \\ \vdots \\ y_n\end{pmatrix}, \text{或} \begin{pmatrix} y_1 \\ y_2 \\ \vdots \\ y_n\end{pmatrix} = \boldsymbol{T}^{-1}\begin{pmatrix} x_1 \\ x_2 \\ \vdots \\ x_n\end{pmatrix}.$$

这就是向量在两组基下的**坐标变换公式**.

二、典型例题选讲

例 5.1 设向量组 $\boldsymbol{\alpha}_1, \boldsymbol{\alpha}_2, \boldsymbol{\alpha}_3$ 线性无关，试讨论向量组 $\boldsymbol{\alpha}_1+\boldsymbol{\alpha}_2, \boldsymbol{\alpha}_2+\boldsymbol{\alpha}_3, \boldsymbol{\alpha}_1+\boldsymbol{\alpha}_3$ 的线性相关性.

解 方法一 **定义法**：

设有数 c_1, c_2, c_3 使得 $c_1(\boldsymbol{\alpha}_1+\boldsymbol{\alpha}_2)+c_2(\boldsymbol{\alpha}_2+\boldsymbol{\alpha}_3)+c_3(\boldsymbol{\alpha}_1+\boldsymbol{\alpha}_3)=\mathbf{0}$，即

$(c_1+c_3)\boldsymbol{\alpha}_1+(c_1+c_2)\boldsymbol{\alpha}_2+(c_2+c_3)\boldsymbol{\alpha}_3=\mathbf{0}$.

因为向量组 $\boldsymbol{\alpha}_1, \boldsymbol{\alpha}_2, \boldsymbol{\alpha}_3$ 线性无关，则只有 $c_1+c_3=c_1+c_2=c_2+c_3=0$，即 $c_1=c_2=c_3=0$. 根据线性无关定义知道，向量组 $\boldsymbol{\alpha}_1+\boldsymbol{\alpha}_2, \boldsymbol{\alpha}_2+\boldsymbol{\alpha}_3, \boldsymbol{\alpha}_1+\boldsymbol{\alpha}_3$ 是线性无关的.

方法二 **矩阵秩法**

记 $\boldsymbol{A}=(\boldsymbol{\alpha}_1, \boldsymbol{\alpha}_2, \boldsymbol{\alpha}_3)$，$\boldsymbol{C}=\begin{pmatrix}1&0&1\\1&1&0\\0&1&1\end{pmatrix}$，则 $\boldsymbol{B}=(\boldsymbol{\alpha}_1+\boldsymbol{\alpha}_2, \boldsymbol{\alpha}_2+\boldsymbol{\alpha}_3, \boldsymbol{\alpha}_1+\boldsymbol{\alpha}_3)=\boldsymbol{AC}$.

计算可得 $|\boldsymbol{C}|=2\neq 0$ 从而 $r(\boldsymbol{B})=r(\boldsymbol{A})=3$，故向量组 $\boldsymbol{\alpha}_1+a_2, \boldsymbol{\alpha}_2+\boldsymbol{\alpha}_3, \boldsymbol{\alpha}_1+\boldsymbol{\alpha}_3$ 是线性无关.

例 5.2 讨论下列矩阵的行向量组的线性相关性：

$$\boldsymbol{A}=\begin{pmatrix}1&2\\-1&0\\2&-1\end{pmatrix}, \boldsymbol{B}=\begin{pmatrix}1&2&1\\2&5&3\\4&8&6\end{pmatrix}, \boldsymbol{C}=\begin{pmatrix}1&1&-1&2\\2&5&-5&4\\4&7&-7&8\end{pmatrix}.$$

解：$\boldsymbol{A}$ 中有 3 个二维向量，线性相关. $\boldsymbol{B}$ 中只有一个三阶子式，经计算知 $|\boldsymbol{B}|\neq 0$，故 $\boldsymbol{B}$ 的 3 个行向量线性无关.

$$\boldsymbol{C}\sim\begin{pmatrix}1&1&-1&2\\2&5&-5&4\\4&7&-7&8\end{pmatrix}\sim\begin{pmatrix}1&1&-1&2\\0&3&-3&0\\0&0&0&0\end{pmatrix},$$

因为 $r(\boldsymbol{C})=2<3$，故 $\boldsymbol{C}$ 的行向量组线性相关.

例 5.3 全体 n 维向量构成的向量组记为 $\mathbf{R}^n$，求 $\mathbf{R}^n$ 的一个最大无关组及 $\mathbf{R}^n$ 的秩.

解：由于 n 维单位向量组 $\boldsymbol{E}$：$\boldsymbol{\varepsilon}_1, \boldsymbol{\varepsilon}_2, \ldots, \boldsymbol{\varepsilon}_n$ 是线性无关的，则对 $\mathbf{R}^n$ 中任意一个向量 $\boldsymbol{\alpha}=(a_1, a_2, \ldots, a_n)$，都有

$$\boldsymbol{\alpha}=a_1\boldsymbol{\varepsilon}_1+a_2\boldsymbol{\varepsilon}_2+\cdots+a_n\boldsymbol{\varepsilon}_n,$$

因此，向量组 $\boldsymbol{E}$ 是 $\mathbf{R}^n$ 的一个最大无关组，故 $\mathbf{R}^n$ 的秩为 n.

例 5.4 证明：$r(\boldsymbol{AB})\leqslant\min\{r(\boldsymbol{A}), r(\boldsymbol{B})\}$.

证明：记 $\boldsymbol{C}_{m\times n}=\boldsymbol{A}_{m\times r}\boldsymbol{B}_{r\times n}$，即

$$(\boldsymbol{C}_1, \boldsymbol{C}_2, \cdots, \boldsymbol{C}_r)=(\boldsymbol{A}_1, \boldsymbol{A}_2, \cdots, \boldsymbol{A}_r)\boldsymbol{B},$$

其中 $\boldsymbol{C}_i$，$\boldsymbol{A}_i$ 分别是矩阵 $\boldsymbol{C}$ 及 $\boldsymbol{A}$ 的列向量. 上式表明 $\boldsymbol{C}$ 的列向量组能由 $\boldsymbol{A}$ 的列向量组线性表示，$r(\boldsymbol{C})\leqslant r(\boldsymbol{A})$；同理 $\boldsymbol{C}$ 的行向量组能由 $\boldsymbol{B}$ 的行向量组线性表示，$r(\boldsymbol{C})\leqslant r(\boldsymbol{B})$. 所以 $r(\boldsymbol{AB})\leqslant\min\{r(\boldsymbol{A}), r(\boldsymbol{B})\}$.

例 5.5 求向量组：

$\boldsymbol{\alpha}_1=(1, 1, 2)$，$\boldsymbol{\alpha}_2=(1, 2, 6)$，$\boldsymbol{\alpha}_3=(3, 4, 10)$，$\boldsymbol{\alpha}_4=(2, 1, -1)$，$\boldsymbol{\alpha}_5=(-1, -2, 1)$

的最大无关组，并把其余向量用最大无关组表示出来.

解：因为

$$A=(\boldsymbol{\alpha}_1^{\mathrm{T}},\boldsymbol{\alpha}_2^{\mathrm{T}},\boldsymbol{\alpha}_3^{\mathrm{T}},\boldsymbol{\alpha}_4^{\mathrm{T}},\boldsymbol{\alpha}_5^{\mathrm{T}})=\begin{pmatrix}1&1&3&2&\\1&2&4&1&-2\\2&6&10&-1&1\end{pmatrix}$$

$$\sim\begin{pmatrix}1&1&3&2&\\0&1&1&-1&-1\\0&4&4&-5&3\end{pmatrix}\sim\begin{pmatrix}1&1&3&2&\\0&1&1&-1&-1\\0&0&0&-1&7\end{pmatrix}$$

$$\sim\begin{pmatrix}1&1&3&0&\\0&1&1&0&-8\\0&0&0&1&-7\end{pmatrix}\sim\begin{pmatrix}1&0&2&0&\\0&1&1&0&-8\\0&0&0&1&-7\end{pmatrix}.$$

所以 $\boldsymbol{\alpha}_1,\boldsymbol{\alpha}_2,\boldsymbol{\alpha}_4$ 是一组最大无关组，从而

$$\boldsymbol{\alpha}_3=2\boldsymbol{\alpha}_1+\boldsymbol{\alpha}_2,\ \boldsymbol{\alpha}_5=21\boldsymbol{\alpha}_1-8\boldsymbol{\alpha}_2-7\boldsymbol{\alpha}_4.$$

例 5.6　设 $\boldsymbol{\alpha}_1,\boldsymbol{\alpha}_2,\cdots,\boldsymbol{\alpha}_m$ 是 m 维向量，试证明：

$$L(\boldsymbol{\alpha}_1,\boldsymbol{\alpha}_2,\cdots,\boldsymbol{\alpha}_m)=\{\boldsymbol{\alpha}=\lambda_1\boldsymbol{\alpha}_1+\lambda_2\boldsymbol{\alpha}_2+\cdots+\lambda_m\boldsymbol{\alpha}_m\mid\lambda_1,\lambda_2,\cdots,\lambda_m\in\mathbf{R}\},$$

为由向量组 $\boldsymbol{\alpha}_1,\boldsymbol{\alpha}_2,\cdots,\boldsymbol{\alpha}_m$ 所生成的向量空间.

证明：设 $\boldsymbol{\alpha},\boldsymbol{\beta}\in L(\boldsymbol{\alpha}_1,\boldsymbol{\alpha}_2,\cdots,\boldsymbol{\alpha}_m)$，则存在 $\lambda_i,\mu_i(i=1,2,\cdots,m)$，使得

$$\boldsymbol{\alpha}=\lambda_1\boldsymbol{\alpha}_1+\lambda_2\boldsymbol{\alpha}_2+\cdots+\lambda_m\boldsymbol{\alpha}_m,\ \boldsymbol{\beta}=\mu_1\boldsymbol{\alpha}_1+\mu_2\boldsymbol{\alpha}_2+\cdots+\mu_m\boldsymbol{\alpha}_m,$$

于是

$$\boldsymbol{\alpha}+\boldsymbol{\beta}=(\lambda_1+\mu_1)\boldsymbol{\alpha}_1+(\lambda_2+\mu_2)\boldsymbol{\alpha}_2+\cdots+(\lambda_m+\mu_m)\boldsymbol{\alpha}_m\in L(\boldsymbol{\alpha}_1,\boldsymbol{\alpha}_2,\cdots,\boldsymbol{\alpha}_m),$$

又对任意实数 k 有

$$k\boldsymbol{\alpha}=(k\lambda_1)\boldsymbol{\alpha}_1+(k\lambda_2)\boldsymbol{\alpha}_2+\cdots+(k\lambda_m)\boldsymbol{\alpha}_m\in L(\boldsymbol{\alpha}_1,\boldsymbol{\alpha}_2,\cdots,\boldsymbol{\alpha}_m),$$

因此 $L(\boldsymbol{\alpha}_1,\boldsymbol{\alpha}_2,\cdots,\boldsymbol{\alpha}_m)$ 是由向量 $\boldsymbol{\alpha}_1,\boldsymbol{\alpha}_2,\cdots,\boldsymbol{\alpha}_m$ 所生成的向量空间.

例 5.7　设 a_1,a_2,a_3,a_4 为两两互异的数且它们的和不等于零，试证明：

$$A_1=\begin{pmatrix}1&a_1\\a_1^2&a_1^4\end{pmatrix},\ A_2=\begin{pmatrix}1&a_2\\a_2^2&a_2^4\end{pmatrix},\ A_3=\begin{pmatrix}1&a_3\\a_3^2&a_3^4\end{pmatrix},\ A_4=\begin{pmatrix}1&a_4\\a_4^2&a_4^4\end{pmatrix}$$

是数域 P 上向量空间 $P^{2\times2}$ 的一组基.

证明：由于 $\dim(P^{2\times2})=4$，$E_{11},E_{12},E_{21},E_{22}$ 是它的一组基，且

$$(A_1,A_2,A_3,A_4)=(E_{11},E_{12},E_{21},E_{22})D$$

其中

$$D=\begin{pmatrix}1&1&1&1\\a_1&a_2&a_3&a_4\\a_1^2&a_2^2&a_3^2&a_4^2\\a_1^4&a_2^4&a_3^4&a_4^4\end{pmatrix}.$$

令

$$Q=\begin{pmatrix}1&1&1&1&1\\a_1&a_2&a_3&a_4&x\\a_1^2&a_2^2&a_3^2&a_4^2&x^2\\a_1^3&a_2^3&a_3^3&a_4^3&x^3\\a_1^4&a_2^4&a_3^4&a_4^4&x^4\end{pmatrix},$$

显然D是Q的展开式中的3次项系数的负值，通过计算可得$D=(a_1+a_2+a_3+a_4)\prod\limits_{1\leqslant j\leqslant i\leqslant 4}(a_i-a_j)\neq 0$，所以$A_1$，$A_2$，$A_3$，$A_4$线性无关，从而为向量空间$P^{2\times 2}$的一组基.

例 5.8 设$\boldsymbol{\alpha}_1=(1,2,3)$，$\boldsymbol{\alpha}_2=(1,3,4)$，$\boldsymbol{\alpha}_3=(2,0,5)$，$\boldsymbol{\alpha}_4=(-2,2,3)$，证明$\boldsymbol{\alpha}_1$，$\boldsymbol{\alpha}_2$，$\boldsymbol{\alpha}_3$是$\mathbf{R}^3$的一组基，并求$\boldsymbol{\alpha}_4$关于这组基的坐标.

解：因为

$$\boldsymbol{A}=(\boldsymbol{\alpha}_1^{\mathrm{T}},\boldsymbol{\alpha}_2^{\mathrm{T}},\boldsymbol{\alpha}_3^{\mathrm{T}},\boldsymbol{\alpha}_4^{\mathrm{T}})=\begin{pmatrix}1&1&2&-2\\2&3&0&2\\3&4&5&3\end{pmatrix}\sim\begin{pmatrix}1&1&2&-2\\0&1&-4&6\\0&1&-1&9\end{pmatrix}$$

$$\sim\begin{pmatrix}1&1&2&-2\\0&1&-4&6\\0&0&3&3\end{pmatrix}\sim\begin{pmatrix}1&0&0&-14\\0&1&0&10\\0&0&1&1\end{pmatrix}.$$

所以$\boldsymbol{\alpha}_1$，$\boldsymbol{\alpha}_2$，$\boldsymbol{\alpha}_3$线性无关，$\boldsymbol{\alpha}_1$，$\boldsymbol{\alpha}_2$，$\boldsymbol{\alpha}_3$是$\mathbf{R}^3$的一组基，且$\boldsymbol{\alpha}_4=-14\boldsymbol{\alpha}_1+10\boldsymbol{\alpha}_2+\boldsymbol{\alpha}_3$，因此$\boldsymbol{\alpha}_4$在基$\boldsymbol{\alpha}_1$，$\boldsymbol{\alpha}_2$，$\boldsymbol{\alpha}_3$下的坐标为$(-14,10,1)$.

例 5.9 在$\mathbf{R}^3$中求基：$\boldsymbol{\alpha}_1=(1,1,1)^{\mathrm{T}}$，$\boldsymbol{\alpha}_2=(1,2,3)^{\mathrm{T}}$，$\boldsymbol{\alpha}_3=(-1,1,5)^{\mathrm{T}}$到另一组基$\boldsymbol{\beta}_1=(0,2,5)$，$\boldsymbol{\beta}_2=(0,7,17)$，$\boldsymbol{\beta}_1=(-1,-7,-15)$的过渡矩阵，并求坐标变换公式.

解：设$\mathbf{R}^3$中的标准基为$\boldsymbol{\varepsilon}_1$，$\boldsymbol{\varepsilon}_2$，$\boldsymbol{\varepsilon}_3$，则有

$(\boldsymbol{\alpha}_1,\boldsymbol{\alpha}_2,\boldsymbol{\alpha}_3)=(\boldsymbol{\varepsilon}_1,\boldsymbol{\varepsilon}_2,\boldsymbol{\varepsilon}_3)\boldsymbol{A}$和$(\boldsymbol{\beta}_1,\boldsymbol{\beta}_2,\boldsymbol{\beta}_3)=(\boldsymbol{\varepsilon}_1,\boldsymbol{\varepsilon}_2,\boldsymbol{\varepsilon}_3)\boldsymbol{B}$，

其中

$$\boldsymbol{A}=\begin{pmatrix}1&1&-1\\1&2&1\\1&3&4\end{pmatrix},\ \boldsymbol{B}=\begin{pmatrix}0&0&-1\\2&7&-7\\5&17&-15\end{pmatrix}.$$

由$(\boldsymbol{\alpha}_1,\boldsymbol{\alpha}_2,\boldsymbol{\alpha}_3)=(\boldsymbol{\varepsilon}_1,\boldsymbol{\varepsilon}_2,\boldsymbol{\varepsilon}_3)\boldsymbol{A}$可得$(\boldsymbol{\varepsilon}_1,\boldsymbol{\varepsilon}_2,\boldsymbol{\varepsilon}_3)=(\boldsymbol{\alpha}_1,\boldsymbol{\alpha}_2,\boldsymbol{\alpha}_3)\boldsymbol{A}^{-1}$. 从而有

$$(\boldsymbol{\beta}_1,\boldsymbol{\beta}_2,\boldsymbol{\beta}_3)=(\boldsymbol{\alpha}_1,\boldsymbol{\alpha}_2,\boldsymbol{\alpha}_3)\boldsymbol{A}^{-1}\boldsymbol{B}.$$

所以过渡矩阵$\boldsymbol{T}=\boldsymbol{A}^{-1}\boldsymbol{B}$. 由计算得

$$\boldsymbol{T}=\begin{pmatrix}1&2&-1\\0&1&-2\\1&3&-2\end{pmatrix}$$

从而

$$\boldsymbol{T}^{-1}=\begin{pmatrix}4&1&-3\\-2&-1&2\\-1&-1&1\end{pmatrix}.$$

若$\boldsymbol{\alpha}$在基$\boldsymbol{\alpha}_1, \boldsymbol{\alpha}_2, \boldsymbol{\alpha}_3$下的坐标为$(x_1, x_2, x_3)$，在基$\boldsymbol{\beta}_1, \boldsymbol{\beta}_2, \boldsymbol{\beta}_3$下的坐标为$(y_1, y_2, y_3)$，则由坐标变换公式有

$$\begin{pmatrix} x_1 \\ x_2 \\ x_3 \end{pmatrix} = \boldsymbol{T}\begin{pmatrix} y_1 \\ y_2 \\ y_3 \end{pmatrix} \quad 或 \begin{pmatrix} y_1 \\ y_2 \\ y_3 \end{pmatrix} = \boldsymbol{T}^{-1}\begin{pmatrix} x_1 \\ x_2 \\ x_3 \end{pmatrix},$$

即

$$\begin{cases} x_1 = y_1 + 2y_2 - y_3 \\ x_2 = y_2 - 2y_3 \\ x_3 = y_1 + 3y_2 - 2y_3 \end{cases}，或者 \begin{cases} y_1 = 4x_1 + x_2 - 3x_3 \\ y_2 = -2x_1 - x_2 + 2x_3. \\ y_3 = -x_1 - x_2 + x_3 \end{cases}$$

例 5.10　设$\boldsymbol{A}$是数域P上的n阶矩阵，V_1和V_2分别是齐次线性方程组$\boldsymbol{Ax}=\boldsymbol{0}$和$(\boldsymbol{A}-\boldsymbol{E})\boldsymbol{x}=\boldsymbol{0}$的解空间. 试证明：$\boldsymbol{A}^2=\boldsymbol{A}$充要条件为$P^n = V_1 \oplus V_2$.

证明：(1) 充分性：若$P^n = V_1 \oplus V_2$. 不妨设$\boldsymbol{\alpha}_1, \boldsymbol{\alpha}_2, \cdots, \boldsymbol{\alpha}_k$与$\boldsymbol{\beta}_{k+1}, \boldsymbol{\beta}_{k+2}, \cdots, \boldsymbol{\beta}_n$分别是$V_1$和$V_2$的一组基，则$\boldsymbol{A\alpha}_i=\boldsymbol{0}$, $i=1, 2, \cdots, k$, $(\boldsymbol{A}-\boldsymbol{E})\boldsymbol{\beta}_j=\boldsymbol{0}$, $j=k+1, \cdots, n$.　令

$\boldsymbol{Q}=(\boldsymbol{\alpha}_1, \boldsymbol{\alpha}_2, \cdots, \boldsymbol{\alpha}_k, \boldsymbol{\beta}_{k+1}, \cdots, \boldsymbol{\beta}_n)$.

可得$\boldsymbol{Q}$是可逆矩阵且

$\boldsymbol{AQ}=\boldsymbol{A}(\boldsymbol{\alpha}_1, \boldsymbol{\alpha}_2, \cdots, \boldsymbol{\alpha}_k, \boldsymbol{\beta}_{k+1}, \cdots, \boldsymbol{\beta}_n)=(\boldsymbol{0}, \boldsymbol{0}, \cdots, \boldsymbol{0}, \boldsymbol{\beta}_{k+1}, \cdots, \boldsymbol{\beta}_n)$,

$\boldsymbol{A}^2\boldsymbol{Q}=\boldsymbol{A}(\boldsymbol{\alpha}_1, \boldsymbol{\alpha}_2, \cdots, \boldsymbol{\alpha}_k, \boldsymbol{\beta}_{k+1}, \cdots, \boldsymbol{\beta}_n)=(\boldsymbol{0}, \boldsymbol{0}, \cdots, \boldsymbol{0}, \boldsymbol{\beta}_{k+1}, \cdots, \boldsymbol{\beta}_n)$.

从而有$\boldsymbol{AQ}=\boldsymbol{A}^2\boldsymbol{Q}$故$\boldsymbol{A}=\boldsymbol{A}^2$.

(2) 必要性：设$\boldsymbol{x} \in P^n$，则向量$\boldsymbol{\eta}$可以分解为$\boldsymbol{\eta}=(\boldsymbol{\eta}-\boldsymbol{A\eta})+\boldsymbol{A\eta}$由$\boldsymbol{A}=\boldsymbol{A}^2$可得：

$\boldsymbol{A}(\boldsymbol{\eta}-\boldsymbol{A\eta})=\boldsymbol{A\eta}-\boldsymbol{A}^2\boldsymbol{\eta}=\boldsymbol{0}$, $(\boldsymbol{A}-\boldsymbol{E})\boldsymbol{A\eta}=\boldsymbol{A}^2\boldsymbol{\eta}-\boldsymbol{A\eta}=\boldsymbol{0}$.

从而有$\boldsymbol{\eta}-\boldsymbol{A\eta} \in V_1$, $\boldsymbol{A\eta} \in V_2$故$P^n=V_1 \oplus V_2$.　另一方面，设$\boldsymbol{\xi} \in V_1 \cap V_2$则$\boldsymbol{A\xi}=\boldsymbol{0}$, $(\boldsymbol{A}-\boldsymbol{E})\boldsymbol{\xi}=\boldsymbol{0}$也就是$\boldsymbol{A\xi}=\boldsymbol{\xi}=\boldsymbol{0}$，所以$V_1 \cap V_2=\{\boldsymbol{0}\}$，故有$P^n=V_1 \oplus V_2$.

注：本题的必要性也可以利用分块矩阵的初等变换方法来进行证明.

例 5.11　设V是数域P上所有n阶对称矩阵组成的线性空间，即$V=\{\boldsymbol{A} \in P^{n\times n} \mid \boldsymbol{A}'=\boldsymbol{A}\}$. 令$V_1=\{\boldsymbol{A} \in V \mid \mathrm{tr}(\boldsymbol{A})=0\}$, $V_2=\{k\boldsymbol{E} \mid k \in P\}$，其中$\boldsymbol{E}$为单位矩阵，$\mathrm{tr}(\boldsymbol{A})$为$\boldsymbol{A}$的迹.

(1) 试证明V_1, V_2为V的子空间；

(2) 分别求V_1的一组基与维数；

(3) 试证明$V=V_1 \oplus V_2$.

证明：(1) 显然V_1, V_2非空且对加法和数乘封闭，故V_1, V_2为V的子空间.

(2) 由于$V_2=\{k\boldsymbol{E} \mid k \in P\}=L(\boldsymbol{E})$，则$\boldsymbol{E}$为$V_2$的一组基，且$\dim(\boldsymbol{E})=1$. 设$\boldsymbol{A}=(a_{ij})_{n\times n} \in V_2$，则$a_{ij}=a_{ji}$，且$\mathrm{tr}(\boldsymbol{A})=a_{11}+a_{22}+\cdots+a_{nn}=0$. 于是

$$\boldsymbol{A}=\begin{pmatrix} 0 & a_{12} & \cdots & a_{1n} \\ a_{12} & 0 & \cdots & a_{2n} \\ \vdots & \vdots & & \vdots \\ a_{1n} & a_{2n} & \cdots & 0 \end{pmatrix}+\begin{pmatrix} a_{11} & 0 & \cdots & 0 \\ 0 & a_{22} & \cdots & 0 \\ \vdots & \vdots & & \vdots \\ 0 & 0 & \cdots & a_{nn} \end{pmatrix}$$

$$= \sum_{1\leqslant i\leqslant j\leqslant n} a_{ij}(\boldsymbol{E}_{ij}+\boldsymbol{E}_{ji}) + \begin{pmatrix} a_{11} & 0 & \cdots & 0 \\ 0 & a_{22} & \cdots & 0 \\ \vdots & \vdots & & \vdots \\ 0 & 0 & \cdots & -a_{11}-\cdots-a_{n-1,\,n-1} \end{pmatrix}$$

$$= \sum_{1\leqslant i\leqslant j\leqslant n} a_{ij}(\boldsymbol{E}_{ij}+\boldsymbol{E}_{ji}) + \sum_{i=1}^{n-1} a_{ii}(\boldsymbol{E})_{ii} - \boldsymbol{E}_{nn},$$

其中, $\boldsymbol{E}_{ij}$ 是 i 行 j 列元素为 1, 其余元素为 0 的 n 阶矩阵. 易知 $\boldsymbol{E}_{ij}+\boldsymbol{E}_{ji}(1\leqslant i<j\leqslant n)$, $\boldsymbol{E}_{ii}-\boldsymbol{E}_{nn}(1\leqslant i\leqslant n-1)\in V_1$, 从而它们是 V_1 的一组生成元. 又如果

$$\sum_{1\leqslant i\leqslant j\leqslant n} b_{ij}(\boldsymbol{E}_{ij}+\boldsymbol{E}_{ji}) + \sum_{i=1}^{n-1} b_{ii}(\boldsymbol{E})_{ii} - \boldsymbol{E}_{nn} = \begin{pmatrix} b_{11} & b_{12} & \cdots & b_{1n} \\ b_{12} & 0 & \cdots & b_{2n} \\ \vdots & \vdots & & \vdots \\ b_{1n} & b_{2n} & \cdots & -b_{11}-\cdots-b_{n-1,\,n-1} \end{pmatrix} = \boldsymbol{0},$$

那么

$$b_{ij}=0(1\leqslant i<j\leqslant n),\ b_{ii}=0(i=1,2,\cdots,n-1).$$

故 $\boldsymbol{E}_{ij}+\boldsymbol{E}_{ji}(1\leqslant i<j\leqslant n)$, $\boldsymbol{E}_{ii}-\boldsymbol{E}_{nn}(1\leqslant i\leqslant n-1)$ 线性无关, 所以它们是子空间 V_1 的一组基, 并且

$$\dim(V_1)=\frac{n(n-1)}{2}+n-1=\frac{n^2+n-2}{2}.$$

(3) 设 $\boldsymbol{A}\in V_1\cap V_2$, 则 $\boldsymbol{A}=\lambda\boldsymbol{E}$, $\operatorname{tr}(\boldsymbol{A})=0$, 计算可得 $n\lambda=0$, 则 $\lambda=0$, 于是 $\boldsymbol{A}=O$, 也就是 $V_1\cap V_2=\{\boldsymbol{0}\}$. 又因为 V_1+V_2 为 V 的子空间, 并且 $\dim(V_1+V_2)=\dfrac{n(n+1)}{2}=\dim(V)$, 所以 $V=V_1\oplus V_2$.

例 5.12 设 V 是数域 P 上的线性空间, V 的线性变换 σ 在标准基 $\boldsymbol{\varepsilon}_1, \boldsymbol{\varepsilon}_2, \boldsymbol{\varepsilon}_3$ 下的矩阵为

$$\boldsymbol{A}=\begin{pmatrix} 1 & 4 & 2 \\ 0 & -3 & 4 \\ 0 & 4 & 3 \end{pmatrix}.$$

向量 $\boldsymbol{\eta}_1=\boldsymbol{\varepsilon}_1$, $\boldsymbol{\eta}_2=2\boldsymbol{\varepsilon}_1+\boldsymbol{\varepsilon}_2+2\boldsymbol{\varepsilon}_3$, $\boldsymbol{\eta}_3=\boldsymbol{\varepsilon}_1-2\boldsymbol{\varepsilon}_2+\boldsymbol{\varepsilon}_3$.

(1) 证明: 向量组 $\boldsymbol{\eta}_1, \boldsymbol{\eta}_2, \boldsymbol{\eta}_3$ 也是 V 的一组基;

(2) 求线性变换 σ 在基 $\boldsymbol{\eta}_1, \boldsymbol{\eta}_2, \boldsymbol{\eta}_3$ 下的矩阵;

(3) 计算 $\boldsymbol{A}^{2018}$.

解: (1) 要证明向量组 $\boldsymbol{\eta}_1, \boldsymbol{\eta}_2, \boldsymbol{\eta}_3$ 是 V 的一组基, 即证向量 $\boldsymbol{\eta}_1, \boldsymbol{\eta}_2, \boldsymbol{\eta}_3$ 是线性无关的. 对任意 $k_1, k_2, k_3\in P$, 若 $k_1\boldsymbol{\eta}_1+k_2\boldsymbol{\eta}_2+k_3\boldsymbol{\eta}_3=0$, 则有

$$k_1\boldsymbol{\varepsilon}_1+k_2(2\boldsymbol{\varepsilon}_1+\boldsymbol{\varepsilon}_2+2\boldsymbol{\varepsilon}_3)+k_3(\boldsymbol{\varepsilon}_1-2\boldsymbol{\varepsilon}_2+\boldsymbol{\varepsilon}_3)=0.$$

即 $\boldsymbol{\varepsilon}_1(k_1+2k_2+k_3)+\boldsymbol{\varepsilon}_2(k_2-2k_3)+\boldsymbol{\varepsilon}_3(2k_2+k_3)=0$. 又 $\boldsymbol{\varepsilon}_1, \boldsymbol{\varepsilon}_2, \boldsymbol{\varepsilon}_3$ 线性无关, 因此

$$k_1+2k_2+k_3=0,\ k_2-2k_3=0,\ 2k_2+k_3=0,$$

解得 $k_1=k_2=k_3=0$. 故向量 $\boldsymbol{\eta}_1, \boldsymbol{\eta}_2, \boldsymbol{\eta}_3$ 是线性无关的, 从而向量组 $\boldsymbol{\eta}_1, \boldsymbol{\eta}_2, \boldsymbol{\eta}_3$ 是 V 的一组基.

(2) 由于

$$\begin{cases}\sigma(\boldsymbol{\eta}_1)=\sigma(\boldsymbol{\varepsilon}_1)=\boldsymbol{\varepsilon}_1=\boldsymbol{\eta}_1,\\ \sigma(\boldsymbol{\eta}_2)=\sigma(2\boldsymbol{\varepsilon}_1+\boldsymbol{\varepsilon}_2+2\boldsymbol{\varepsilon}_3)=5(2\boldsymbol{\varepsilon}_1+\boldsymbol{\varepsilon}_2+2\boldsymbol{\varepsilon}_3)=5\boldsymbol{\eta}_2,\\ \sigma(\boldsymbol{\eta}_3)=\sigma(\boldsymbol{\varepsilon}_1-2\boldsymbol{\varepsilon}_2+\boldsymbol{\varepsilon}_3)=-5(\boldsymbol{\varepsilon}_1-2\boldsymbol{\varepsilon}_2+\boldsymbol{\varepsilon}_3)=-5\boldsymbol{\eta}_3,\end{cases}$$

则

$$\sigma(\boldsymbol{\eta}_1,\boldsymbol{\eta}_2,\boldsymbol{\eta}_3)=(\boldsymbol{\eta}_1,\boldsymbol{\eta}_2,\boldsymbol{\eta}_3)\begin{pmatrix}1&0&0\\0&5&0\\0&0&-5\end{pmatrix},$$

从而线性变换 σ 在基 $\boldsymbol{\eta}_1,\boldsymbol{\eta}_2,\boldsymbol{\eta}_3$ 下的矩阵为 $\begin{pmatrix}1&0&0\\0&5&0\\0&0&-5\end{pmatrix}$.

(3) 因为 $\boldsymbol{\eta}_1=\boldsymbol{\varepsilon}_1$, $\boldsymbol{\eta}_2=2\boldsymbol{\varepsilon}_1+\boldsymbol{\varepsilon}_2+2\boldsymbol{\varepsilon}_3$, $\boldsymbol{\eta}_3=\boldsymbol{\varepsilon}_1-2\boldsymbol{\varepsilon}_2+\boldsymbol{\varepsilon}_3$, 则

$$(\boldsymbol{\eta}_1,\boldsymbol{\eta}_2,\boldsymbol{\eta}_3)=(\boldsymbol{\varepsilon}_1,\boldsymbol{\varepsilon}_2,\boldsymbol{\varepsilon}_3)\begin{pmatrix}1&2&1\\0&1&-2\\0&2&1\end{pmatrix},$$

以及

$$(\boldsymbol{\varepsilon}_1,\boldsymbol{\varepsilon}_2,\boldsymbol{\varepsilon}_3)=(\boldsymbol{\eta}_1,\boldsymbol{\eta}_2,\boldsymbol{\eta}_3)\begin{pmatrix}1&0&-1\\0&\frac{1}{5}&\frac{2}{5}\\0&-\frac{2}{5}&\frac{1}{5}\end{pmatrix},$$

上述两式表明：

$$\begin{pmatrix}1&2&1\\0&1&-2\\0&2&1\end{pmatrix}^{-1}=\begin{pmatrix}1&0&-1\\0&\frac{1}{5}&\frac{2}{5}\\0&-\frac{2}{5}&\frac{1}{5}\end{pmatrix}.$$

又

$$\begin{aligned}\sigma(\boldsymbol{\eta}_1,\boldsymbol{\eta}_2,\boldsymbol{\eta}_3)&=\sigma(\boldsymbol{\varepsilon}_1,\boldsymbol{\varepsilon}_2,\boldsymbol{\varepsilon}_3)\begin{pmatrix}1&2&1\\0&1&-2\\0&2&1\end{pmatrix}\\&=(\boldsymbol{\varepsilon}_1,\boldsymbol{\varepsilon}_2,\boldsymbol{\varepsilon}_3)\boldsymbol{A}\begin{pmatrix}1&2&1\\0&1&-2\\0&2&1\end{pmatrix}\\&=(\boldsymbol{\eta}_1,\boldsymbol{\eta}_2,\boldsymbol{\eta}_3)\begin{pmatrix}1&2&1\\0&1&-2\\0&2&1\end{pmatrix}^{-1}\boldsymbol{A}\begin{pmatrix}1&2&1\\0&1&-2\\0&2&1\end{pmatrix}.\end{aligned}$$

从而

$$\begin{pmatrix}1&0&0\\0&5&0\\0&0&-5\end{pmatrix}=\begin{pmatrix}1&2&1\\0&1&-2\\0&2&1\end{pmatrix}^{-1}\boldsymbol{A}\begin{pmatrix}1&2&1\\0&1&-2\\0&2&1\end{pmatrix},$$

故

$$A=\begin{pmatrix}1&2&1\\0&1&-2\\0&2&1\end{pmatrix}\begin{pmatrix}1&0&0\\0&5&0\\0&0&-5\end{pmatrix}\begin{pmatrix}1&2&1\\0&1&-2\\0&2&1\end{pmatrix}^{-1}.$$

所以

$$A^{2018}=\begin{pmatrix}1&2&1\\0&1&-2\\0&2&1\end{pmatrix}\begin{pmatrix}1&0&0\\0&5&0\\0&0&-5\end{pmatrix}^{2018}\begin{pmatrix}1&2&1\\0&1&-2\\0&2&1\end{pmatrix}^{-1}=\begin{pmatrix}1&0&-1+5^{2018}\\0&5^{2018}&0\\0&0&5^{2018}\end{pmatrix}.$$

同步练习 5

1. 设 $A=(a_{ij})$ 是数域 F 上的一个 n 阶矩阵，且 $a_{ij}=a_i-b_j$.
   (1) 求 $|A|$；
   (2) 当 $n\geqslant 2$ 且 $a_1\neq a_2$，$b_1\neq b_2$ 时，求线性方程组 $AX=0$ 解空间的维数和一组基.
2. (湖南大学，2015 年) 在数域 P 上，设线性方程组 $x_1+2x_2+\cdots+nx_n=0$ 的解空间为 M，方程组 $x_1=\dfrac{x_2}{2}=\cdots=\dfrac{x_n}{n}$ 的解空间为 N，证明：$P^n=M\oplus N$.
3. 设 V 是数域 P 上的 n 维线性空间，$\boldsymbol{\alpha}_1,\boldsymbol{\alpha}_2,\cdots,\boldsymbol{\alpha}_n$ 是 V 的一个基，V_1 是由 $\boldsymbol{\alpha}_1+\boldsymbol{\alpha}_2+\cdots+\boldsymbol{\alpha}_n$ 生成的子空间，且
$$V_2=\left\{\sum_{i=1}^{n}k_i\boldsymbol{\alpha}_i\,\middle|\,k_i\in P,\ \sum_{i=1}^{n}k_i=0\right\}.$$
   (1) 证明：V_2 是 V 的子空间；
   (2) 证明：$V=V_1\oplus V_2$；
   (3) 若 V 上线性变换 σ 在基 $\boldsymbol{\alpha}_1,\boldsymbol{\alpha}_2,\cdots,\boldsymbol{\alpha}_n$ 下的矩阵是：
$$A=\begin{pmatrix}a_1&a_2&a_3&\cdots&a_n\\a_n&a_1&a_2&\cdots&a_{n-1}\\\vdots&\vdots&\vdots&&\vdots\\a_2&a_3&a_4&\cdots&a_1\end{pmatrix},$$
   证明：V_1 与 V_2 都是 σ 的不变子空间.
4. 设 V 是数域 P 上的 n 维线性空间，$\boldsymbol{A}$ 是 V 的线性变换且 $\boldsymbol{A}^{n-1}\neq 0$，$\boldsymbol{A}^n=0$. 证明：
   (1) 存在 V 的一个向量 $\boldsymbol{\alpha}$ 使得 $\boldsymbol{\alpha},\boldsymbol{A}\boldsymbol{\alpha},\boldsymbol{A}^2\boldsymbol{\alpha},\cdots,\boldsymbol{A}^{n-1}\boldsymbol{\alpha}$ 是 V 的一个基；
   (2) 对于整数 $1\leqslant k\leqslant n$，有 $\dim(\boldsymbol{A}^kV)=n-k$.
5. (湖南大学，2017 年) 设 n 阶实方阵 $\boldsymbol{A}$ 的秩 $r(\boldsymbol{A})=r$，证明：
   (1) 存在列满秩 $n\times r$ 实矩阵 $\boldsymbol{B}$ 和行满秩 $r\times n$ 实矩阵 $\boldsymbol{C}$，使得 $\boldsymbol{A}=\boldsymbol{BC}$；
   (2) 若 $\mathbf{R}^n=\{\boldsymbol{y}\in\mathbf{R}^n:\boldsymbol{y}=\boldsymbol{Bx},\ \boldsymbol{x}\in\mathbf{R}^r\}\oplus\{x\in\mathbf{R}^n:\boldsymbol{Cx}=0\}$，
   则矩阵 $\boldsymbol{CB}$ 可逆，其中$\oplus$表示两个子空间的直和.
6. (湖南大学，2009 年) 设 $\boldsymbol{\alpha}_1,\boldsymbol{\alpha}_2,\boldsymbol{\alpha}_3$ 是一组三维向量，证明：$\boldsymbol{\alpha}_1,\boldsymbol{\alpha}_2,\boldsymbol{\alpha}_3$ 线性无关的充要条件是任意一个三维向量都能被它们线性表出，并作出几何解释.

7. (湖南大学, 2013 年) 设向量

$\boldsymbol{\alpha}_1=(-1,-2,-1,0)$, $\boldsymbol{\alpha}_2=(1,-1,-1,-1)$, $\boldsymbol{\beta}_1=(-2,1,0,-1)$, $\boldsymbol{\beta}_2=(-1,1,-3,-7)$,

记 $\boldsymbol{\alpha}_1$, $\boldsymbol{\alpha}_2$ 的生成子空间为 $L(\boldsymbol{\alpha}_1,\boldsymbol{\alpha}_2)$, $\boldsymbol{\beta}_1$, $\boldsymbol{\beta}_2$ 的生成子空间为 $L(\boldsymbol{\beta}_1,\boldsymbol{\beta}_2)$, 求这两个生成子空间的交 $L(\boldsymbol{\alpha}_1,\boldsymbol{\alpha}_2)\cap L(\boldsymbol{\beta}_1,\boldsymbol{\beta}_2)$ 的维数和一组基. (请给出必要的计算步骤)

8. (中南大学, 2013 年) 设 $\boldsymbol{A}=(\boldsymbol{a}_1,\boldsymbol{a}_2,\cdots,\boldsymbol{a}_n)$ 是数域 F 上的一个 $m\times n$ 矩阵, 对 A 施行若干初等行变换后得到矩阵 $\boldsymbol{B}=(\boldsymbol{b}_1,\boldsymbol{b}_2,\cdots,\boldsymbol{b}_n)$, 证明:

(1) 向量组 $\boldsymbol{a}_1,\boldsymbol{a}_2,\cdots,\boldsymbol{a}_n$ 中的向量 $\boldsymbol{a}_{j1},\boldsymbol{a}_{j2},\cdots,\boldsymbol{a}_{jk}$ 线性无关的充要条件是向量组 $\boldsymbol{b}_1,\boldsymbol{b}_2,\cdots,\boldsymbol{b}_n$ 中的向量 $\boldsymbol{b}_{j1},\boldsymbol{b}_{j2},\cdots,\boldsymbol{b}_{jk}$ 线性无关.

(2) 向量组 $\boldsymbol{a}_1,\boldsymbol{a}_2,\cdots,\boldsymbol{a}_n$ 中的向量 $\boldsymbol{a}_i,\boldsymbol{a}_{i1},\boldsymbol{a}_{i2},\cdots,\boldsymbol{a}_{ir}$ 满足

$$\boldsymbol{a}_i=k_1\boldsymbol{a}_{i1}+k_2\boldsymbol{a}_{i2}+\cdots+k_r\boldsymbol{a}_{ir},\ (k_1,k_2,\cdots,k_r\in F)$$

的充要条件是向量组 $\boldsymbol{b}_1,\boldsymbol{b}_2,\cdots,\boldsymbol{b}_n$ 中的向量 $\boldsymbol{b}_i,\boldsymbol{b}_{i1},\boldsymbol{b}_{i2}\cdots,\boldsymbol{b}_{ir}$ 满足

$$\boldsymbol{b}_i=k_1\boldsymbol{b}_{i1}+k_2\boldsymbol{b}_{i2}+\cdots+k_r\boldsymbol{b}_{ir}.$$

9. (中南大学, 2014 年) 设数域 P 上的向量组 $\boldsymbol{\alpha}_1,\boldsymbol{\alpha}_2,\cdots\boldsymbol{\alpha}_r$ 线性无关, 且可由数域 P 上向量组 $\boldsymbol{\beta}_1,\boldsymbol{\beta}_2,\cdots,\boldsymbol{\beta}_s$ 线性表出. 证明: 在 $\boldsymbol{\beta}_1,\boldsymbol{\beta}_2,\cdots,\boldsymbol{\beta}_s$ 中必然存在 r 个向量, 将它们用 $\boldsymbol{\alpha}_1,\boldsymbol{\alpha}_2,\cdots,\boldsymbol{\alpha}_r$ 替换后所得的向量组与 $\boldsymbol{\beta}_1,\boldsymbol{\beta}_2,\cdots,\boldsymbol{\beta}_s$ 等价.

10. (中南大学, 2014 年) 设 $C[x]_n$ 是复数域 C 上次数小于 $n(n\geqslant 2)$ 的所有多项式在添加上零多项式所形成的线性空间, $\varepsilon_1,\varepsilon_2,\cdots,\varepsilon_n$ 为全体 n 次单位根. 令

$$f_i(x)=(x-\varepsilon_1)\cdots(x-\varepsilon_{i-1})(x-\varepsilon_{i+1})\cdots(x-\varepsilon_n),\ i=1,2,\cdots,n.$$

(1) 证明 $f_1(x),f_2(x),\cdots,f_n(x)$ 是 $C[x]_n$ 的一组基;

(2) 求由基 $1,x,x^2,\cdots,x^{n-1}$ 到基 $f_1(x),f_2(x),\cdots,f_n(x)$ 的过渡矩阵.

11. (中南大学, 2015 年) 设 V 是数域 P 上的一个线性空间, $\boldsymbol{\alpha}_1,\boldsymbol{\alpha}_2,\cdots,\boldsymbol{\alpha}_n\in V$. 如果 V 中每个向量都能由 $\boldsymbol{\alpha}_1,\boldsymbol{\alpha}_2,\cdots,\boldsymbol{\alpha}_n$ 线性表出, 且其中有某个向量的表示法唯一, 证明: $\boldsymbol{\alpha}_1,\boldsymbol{\alpha}_2,\cdots,\boldsymbol{\alpha}_n$ 是 V 的一组基.

12. (中南大学,2016 年) 设 V 是 n 维欧式空间, $\boldsymbol{\eta}_1,\boldsymbol{\eta}_2,\cdots,\boldsymbol{\eta}_n$ 是 V 的一组标准正交基, $(\cdot,\cdot)$ 是 V 的内积. 对于给定的非零实数 k 和非零向量 $\boldsymbol{\zeta}\in V$, 定义 V 上的线性变换 ℓ 为

$$\ell(\boldsymbol{\alpha})=\boldsymbol{\alpha}+k(\boldsymbol{\alpha},\boldsymbol{\zeta})\boldsymbol{\zeta},\ (\forall\boldsymbol{\alpha}\in V)$$

(1) 求 ℓ 在基 $\boldsymbol{\eta}_1,\boldsymbol{\eta}_2,\cdots,\boldsymbol{\eta}_n$ 下的矩阵 $\boldsymbol{A}$.

(2) 求 $\boldsymbol{A}$ 的行列式值.

(3) 证明: ℓ 是正交变换的充分必要条件是 $k=-\dfrac{2}{(\boldsymbol{\zeta},\boldsymbol{\zeta})}$.

13. (湖南师范大学, 2009 年) 设

$$\boldsymbol{\alpha}_1=\begin{pmatrix}1&0\\0&0\end{pmatrix},\ \boldsymbol{\alpha}_2=\begin{pmatrix}1&1\\0&0\end{pmatrix},\ \boldsymbol{\alpha}_3=\begin{pmatrix}1&1\\1&0\end{pmatrix},\ \boldsymbol{\alpha}_4=\begin{pmatrix}1&1\\1&1\end{pmatrix}$$

是数域 P 上的线性空间 $V=P^{2\times 2}$ 的一个基.

(1) 求由 V 的基

$$\boldsymbol{\varepsilon}_1=\begin{pmatrix}1&0\\0&0\end{pmatrix},\ \boldsymbol{\varepsilon}_2=\begin{pmatrix}0&1\\0&0\end{pmatrix},\ \boldsymbol{\varepsilon}_3=\begin{pmatrix}0&0\\1&0\end{pmatrix},\ \boldsymbol{\varepsilon}_4=\begin{pmatrix}0&0\\0&1\end{pmatrix}$$

到基 $\boldsymbol{\alpha}_1,\boldsymbol{\alpha}_2,\boldsymbol{\alpha}_3,\boldsymbol{\alpha}_4$ 的过渡矩阵;

(2) 求矩阵 $\boldsymbol{\beta}=\begin{pmatrix}1&2\\3&4\end{pmatrix}$ 在基 $\boldsymbol{\alpha}_1$, $\boldsymbol{\alpha}_2$, $\boldsymbol{\alpha}_3$, $\boldsymbol{\alpha}_4$ 下的坐标.

14. (湖南师范大学, 2011 年) 已知数域 P 上的矩阵 $\boldsymbol{A}=\begin{pmatrix}1&-1\\1&-1\\1&-1\end{pmatrix}$.

令 $S(\boldsymbol{A})=\{\boldsymbol{B}\in P^{2\times3}\mid \boldsymbol{AB}=\boldsymbol{0}\}$. 证明: $S(\boldsymbol{A})$ 是矩阵空间 $P^{2\times3}$ 的一个子空间, 并求 $S(\boldsymbol{A})$ 的维数和一组基.

15. (湖南师范大学, 2013 年) 设 s 是一个实数, 在实数域 $\mathbf{R}$ 上的多项式空间 $R[x]$ 中, 令

$$W=\{f(x)\in\mathbf{R}[x]: f(s)=0,\ \partial(f(x))\leqslant n \text{ 或 } f(x)=0\},$$

证明: (1) W 是 $R[x]$ 的一个子空间;

(2) $g_i=x^i-s^i$, $(i=1, 2, \cdots, n)$ 是 W 的一组基.

16. (湖南师范大学, 2015 年) 设 V_1, V_2 分别为齐次线性方程组

$$x_1+x_2-x_3-x_4=0$$

和

$$\begin{cases}x_1-x_2+x_3=0\\x_1+x_2+x_3-x_4=0\end{cases}$$

的解空间(作为 $\mathbf{R}^4$ 的子空间).

(1) 分别求出 V_1 与 V_2 的一组基; (2) 求出 $V_1\cap V_2$ 的一组基; (3) 求出 V_1+V_2 的维数.

17. (湖南师范大学, 2018 年) 设 $\boldsymbol{A}$, $\boldsymbol{B}$ 分别是实数域上的 $s\times n$, $n\times t$ 矩阵, V_1 是 n 元齐次线性方程组 $\boldsymbol{AX}=\boldsymbol{0}$ 的解空间. 证明: $\boldsymbol{AB}=\boldsymbol{0}$ 同时 $r(\boldsymbol{A})+r(\boldsymbol{B})=n$ 当且仅当 V_1 为 $\boldsymbol{B}$ 的列向量生成的空间.

18. (湖南师范大学, 2019 年) 设 V 为有限维线性空间, V_1, V_2, $\cdots$, V_s 为其真子空间, 证明: V 中存在一组基, 使得此基中每一个向量都不包含 V_1, V_2, $\cdots$, V_s 中的任何一个.

19. (湖南师范大学, 2015 年) 设 $\boldsymbol{A}$, $\boldsymbol{B}$, $\boldsymbol{C}$, $\boldsymbol{D}$ 都是数域 P 上的 n 方阵, 它们关于矩阵乘法两两可换, E 是 n 阶单位矩阵, 且 $\boldsymbol{AC}+\boldsymbol{BD}=E$. 令 V, V_1, V_2 分别是线性方程组 $(\boldsymbol{AB})\boldsymbol{X}=\boldsymbol{0}$, $\boldsymbol{AX}=\boldsymbol{0}$ 和 $\boldsymbol{BX}=\boldsymbol{0}$ 的解空间, 证明: $V=V_1\oplus V_2$.

20. (湖南师范大学, 2019 年) $\boldsymbol{\beta}_1$, $\cdots$, $\boldsymbol{\beta}_m$ 为 m 个向量, $\boldsymbol{A}$ 为 $m\times n$ 阶矩阵, 向量 $\boldsymbol{\alpha}_1$, $\cdots$, $\boldsymbol{\alpha}_n$ 满足 $(\boldsymbol{\alpha}_1, \cdots, \boldsymbol{\alpha}_n)=(\boldsymbol{\beta}_1, \cdots, \boldsymbol{\beta}_m)\boldsymbol{A}$. 若 $r(\boldsymbol{\alpha}_1, \cdots, \boldsymbol{\alpha}_n)\geqslant m$, 求证: $\boldsymbol{\alpha}_1$, $\cdots$, $\boldsymbol{\alpha}_n$ 与 $\boldsymbol{\beta}_1$, $\cdots$, $\boldsymbol{\beta}_m$ 等价.

21. (湖南师范大学, 2020 年) 设 $\boldsymbol{A}$, $\boldsymbol{B}\in L(V)$ 都是空间 V 的线性变换, 且 $\boldsymbol{A}^2=2\boldsymbol{A}$, 证明: $\boldsymbol{AB}=\boldsymbol{BA}$ 当且仅当 $\boldsymbol{A}V$ 及 $\boldsymbol{A}^{-1}(0)$ 均为 $\boldsymbol{B}$ 的不变子空间.

22. 设 $\boldsymbol{A}$ 为 3 阶复矩阵, $\boldsymbol{\alpha}_1$, $\boldsymbol{\alpha}_2$ 为 $\boldsymbol{A}$ 的分别属于特征值 -1, 1 的特征向量, 而 $\boldsymbol{\alpha}_3$ 满足

$$\boldsymbol{A\alpha}_3=\boldsymbol{\alpha}_2+\boldsymbol{\alpha}_3.$$

(1) 证明 $\boldsymbol{\alpha}_1$, $\boldsymbol{\alpha}_2$, $\boldsymbol{\alpha}_3$ 线性无关. (2) 证明 $\boldsymbol{A}$ 不可对角化, 并求可逆矩阵 $\boldsymbol{P}$, 使得 $\boldsymbol{P}^{-1}\boldsymbol{AP}$ 为 Jordan 标准形.

23. 已知矩阵 $\boldsymbol{A}=\begin{pmatrix}1&-1&2\\3&-3&6\\2&-2&4\end{pmatrix}$,

(1) 求出 $\boldsymbol{A}$ 的特征矩阵的等价标准型;

(2) 写出 $\boldsymbol{A}$ 的不变因子、行列式因子、初等因子;

(3) 写出 $\boldsymbol{A}$ 的特征多项式和最小多项式;

(4) 写出 $\boldsymbol{A}$ 的有理标准型和若尔当标准型.

24. 已知 $a^2+b^2+c^2+d^2=\sqrt{-1}$, 设矩阵

$$\boldsymbol{A}=\begin{pmatrix} a & b & c & d \\ -b & a & d & -c \\ -c & -d & a & b \\ -d & c & -b & a \end{pmatrix},$$

求逆矩阵 $\boldsymbol{A}^{-1}$.

第 6 章　线性变换

线性变换是极少数研究较清楚的映射，本章主要讨论线性变换的基本结论及应用.

一、基本概念与重要结论

1. 线性变换

设 V 和 W 是数域 F 上的向量空间，σ 是 V 到 W 的映射，若 σ 满足：

$\forall \boldsymbol{\alpha}, \beta \in V$, $a, b \in F$, 有 $\sigma(a\boldsymbol{\alpha} + b\beta) = a\sigma(\boldsymbol{\alpha}) + b\sigma(\beta)$,

则称 σ 是 V 到 W 上的**线性映射**.

若 σ 是向量空间 W 上的线性映射，则：

$$\sigma(0) = 0,\ \sigma(-\boldsymbol{\alpha}) = -\sigma(\boldsymbol{\alpha}),\ \sigma\left(\sum_{i=1}^{k} a_i\boldsymbol{\alpha}_i\right) = \sum_{i=1}^{k} a_i\sigma(\boldsymbol{\alpha}_i).$$

若 V_1 是 V 的子空间，则 W 的**像** $\sigma(V_1)$ 是 W 的子空间；

若 W_1 是 W 的子空间，则 W_1 的**原像** $\sigma^{-1}(W_1)$ 是 V 的子空间. 记

$$\ker(\sigma) = \{\boldsymbol{\alpha} \mid \boldsymbol{\alpha} \in V,\ \sigma(\boldsymbol{\alpha}) = \mathbf{0}\},\quad \mathrm{lm}(\sigma) = \{\sigma(\boldsymbol{\alpha}) \mid \boldsymbol{\alpha} \in V\},$$

则 $\ker(\sigma)$ 是 V 的子空间. $\mathrm{lm}(\sigma)$ 是 W 的子空间.

进一步，若 σ 是 n 维向量空间 V 到 W 上的线性映射，则：

$$\dim(\ker(\sigma)) + \dim(\mathrm{lm}(\sigma)) = n.$$

若 σ 是向量空间 V 到自身的线性映射，则称 σ 是向量空间 V 上的**线性变换**.

设 V 是数域 F 上的任一向量空间，则

(1) V 的**零变换** $o(o(\boldsymbol{\alpha}) = 0,\ \forall \boldsymbol{\alpha} \in V)$ 是 V 上的线性变换；

(2) V 的**恒等变换**或**单位变换** $i(i(\boldsymbol{\alpha}) = \boldsymbol{\alpha},\ \forall \boldsymbol{\alpha} \in V)$ 是 V 上的线性变换；

(3) **幂零线性变换**：设 σ 是数域 F 上的向量空间 V 的线性变换，如果存在正整数 k，使得 $\sigma^k = o$，则称 σ 是 V 上的幂零线性变换；

(4) **幂等线性变换**：设 σ 是数域 F 上的向量空间 V 的线性变换，如果 $\sigma^2 = \sigma$，则称 σ 是 V 上的幂等线性变换.

向量空间 V 上的所有线性变换做成的集合 $L(V)$，$\forall \sigma, \tau \in L(V)$，$\forall \boldsymbol{\alpha} \in V$，$k \in F$.

规定：$(\sigma + \tau)(\boldsymbol{\alpha}) = \sigma(\boldsymbol{\alpha}) + \tau(\boldsymbol{\alpha})$，$(k\sigma)(\boldsymbol{\alpha}) = k\sigma(\boldsymbol{\alpha})$.

$L(V)$ 对于线性变换加法和标量与线性变换的乘积来说做成数域 F 上的向量空间.

设 σ 是数域 F 上 n 维向量空间 V 的一个线性变换，$\boldsymbol{\alpha}_1, \boldsymbol{\alpha}_2, \cdots, \boldsymbol{\alpha}_n$ 是 V 的一组基，基的像可以由这组基线性表出：

$$
\begin{cases}
\sigma(\boldsymbol{\alpha}_1) = a_{11}\boldsymbol{\alpha}_1 + a_{12}\boldsymbol{\alpha}_2 + \cdots + a_{1n}\boldsymbol{\alpha}_n \\
\sigma(\boldsymbol{\alpha}_2) = a_{21}\boldsymbol{\alpha}_1 + a_{22}\boldsymbol{\alpha}_2 + \cdots + a_{2n}\boldsymbol{\alpha}_n \\
\qquad\vdots \\
\sigma(\boldsymbol{\alpha}_n) = a_{n1}\boldsymbol{\alpha}_1 + a_{n2}\boldsymbol{\alpha}_2 + \cdots + a_{nn}\boldsymbol{\alpha}_n
\end{cases}
$$

用矩阵乘法形式可表示为：

$$
(\sigma(\boldsymbol{\alpha}_1), \sigma(\boldsymbol{\alpha}_2), \cdots, \sigma(\boldsymbol{\alpha}_n)) = (\boldsymbol{\alpha}_1, \boldsymbol{\alpha}_2, \cdots, \boldsymbol{\alpha}_n)\begin{pmatrix} a_{11} & a_{21} & \cdots & a_{n1} \\ a_{12} & a_{22} & \cdots & a_{n2} \\ \vdots & \vdots & & \vdots \\ a_{1n} & a_{2n} & \cdots & a_{nn} \end{pmatrix}
$$

称矩阵：

$$
\boldsymbol{A} = \begin{pmatrix} a_{11} & a_{21} & \cdots & a_{n1} \\ a_{12} & a_{22} & \cdots & a_{n2} \\ \vdots & \vdots & & \vdots \\ a_{1n} & a_{2n} & \cdots & a_{nn} \end{pmatrix}
$$

是 σ 在这组基下的矩阵.

若 σ 在一组基下的矩阵为 $\boldsymbol{A}$，则 $k\sigma$ 在这组基下的矩阵为 $k\boldsymbol{A}$；

若 σ，τ 在一组基下的矩阵分别为 $\boldsymbol{A}$，$\boldsymbol{B}$，则 $\sigma+\tau$ 在这组基下的矩阵为 $\boldsymbol{A}+\boldsymbol{B}$；

若 σ 在一组基下的矩阵为 $\boldsymbol{A}$，σ 可逆当且仅当矩阵 $\boldsymbol{A}$ 可逆；且 σ^{-1} 在这组基下的矩阵为 $\boldsymbol{A}^{-1}$.

作为数域 F 上的向量空间，$L(V)$ 与 $M_n(F)$ 同构.

设 $\boldsymbol{A}$，$\boldsymbol{B}$ 都是 n 阶方阵，如果存在一个可逆矩阵 $\boldsymbol{T}$，使

$$
\boldsymbol{B} = \boldsymbol{T}^{-1}\boldsymbol{A}\boldsymbol{T}
$$

则称 $\boldsymbol{A}$ 与 $\boldsymbol{B}$ 是相似的.

如矩阵 $\boldsymbol{A} = \begin{pmatrix} 1 & 1 \\ 0 & 1 \end{pmatrix}$，$\boldsymbol{A}$ 的特征值为 $\lambda_1 = \lambda_2 = 1$，1 是特征多项式的二重根，而属于特征值 $\lambda = 1$ 的特征向量只有一个线性无关的特征向量：$(1, 0)^{\mathrm{T}}$，则 $\boldsymbol{A}$ 不能相似对角化.

一个线性变换在不同基下的矩阵一般不同，但同一个线性变换在不同基下的矩阵是相似的.

2. 线性变换的特征值与特征向量

设 σ 是 F 上向量空间 V 的一个线性变换，W 是 V 的一个子空间，若 W 中向量在 σ 下的像仍在 W 中，即对于 W 中任一向量 $\boldsymbol{\xi}$，都有 $\sigma(\boldsymbol{\xi}) \in W$，则称 W 是 σ 的一个**不变子空间**，或称 W 在 σ 之下不变.

若向量空间 V 是线性变换 σ 的若干个不变子空间的直和，则存在 V 的一组基，σ 在这组基下的矩阵是分块对角矩阵.

σ 是数域 F 上的向量空间 V 上的一个线性变换，$\lambda \in F$，若 $\exists \boldsymbol{\alpha} \in V$，$\boldsymbol{\alpha} \neq \boldsymbol{0}$ 使得：$\sigma(\boldsymbol{\alpha}) = \lambda\boldsymbol{\alpha}$，则称 λ 是 σ 的一个**本征值**，$\boldsymbol{\alpha}$ 是属于本征值 λ 的一个**本征向量**.

设 $\boldsymbol{A}$ 是一个 n 阶方阵，如果存在一个数 λ 和一个非零向量 $\boldsymbol{x} = (x_1, x_2, \cdots, x_n)^{\mathrm{T}}$，使得 $\boldsymbol{A}\boldsymbol{x}$

$=\lambda \boldsymbol{x}$, 则称数 λ 为方阵 $\boldsymbol{A}$ 的一个**特征值**, 向量 $\boldsymbol{x}$ 称为 $\boldsymbol{A}$ 属于特征值 λ 的一个**特征向量**.

$\boldsymbol{A}=(a_{ij})$ 是数域 F 上的一个 n 阶矩阵, 行列式:

$$f_A(\lambda)=\det(\lambda I-\boldsymbol{A})=\begin{vmatrix}\lambda-a_{11} & -a_{12} & \cdots & -a_{1n}\\ -a_{21} & \lambda-a_{22} & \cdots & -a_{2n}\\ \vdots & \vdots & & \vdots\\ -a_{n1} & -a_{n2} & \cdots & \lambda-a_{nn}\end{vmatrix}$$

叫作矩阵 $\boldsymbol{A}$ 的特征多项式.

σ 在一组基下的矩阵为 $\boldsymbol{A}$, 则本征值就是特征值; $\boldsymbol{A}$ 属于特征值 λ 的一个特征向量, 就是 σ 属于本征值 λ 的一个本征向量关于这组基的坐标.

相似矩阵有相同的特征多项式. 从而有相同的特征值.

σ 关于不同基的矩阵一般不同, 这些矩阵有相同的特征多项式; 这些矩阵的特征向量一般不同, 对应的 σ 本征向量相同.

若 $\lambda_1, \lambda_2, \cdots, \lambda_n$ 是矩阵 $\boldsymbol{A}$ 的全部特征根, 则

(1) $\lambda_1+\lambda_2+\cdots+\lambda_n=\mathrm{tr}(A)$;

(2) $\lambda_1\lambda_2\cdots\lambda_n=\det(A)$.

若 $\lambda\in F$ 是线性变换 σ 的本征值, 则 λ 是特征多项式 $f_\sigma(\lambda)$ 的根. 属于不同本征值(特征值) 的本征向量(特征向量) 线性无关.

$\lambda\in F$ 是线性变换 σ 的本征值, 则 $g(\lambda)$ 是线性变换 $g(\sigma)$ 的本征值.

若 λ 是方阵 $\boldsymbol{A}$ 的特征值, $\boldsymbol{x}$ 是属于 λ 的特征向量, 则 $g(\lambda)$ 是方阵 $g(\boldsymbol{A})$ 的特征值且 $\boldsymbol{x}$ 是 $g(\boldsymbol{A})$ 属于 $g(\lambda)$ 的特征向量.

λ 是方阵 $\boldsymbol{A}$ 的特征值, 当 $\boldsymbol{A}$ 可逆时, λ^{-1}是 $\boldsymbol{A}^{-1}$ 的特征值, 且 $\boldsymbol{x}$ 为对应的特征向量.

若 $g(\boldsymbol{x})=a_0+a_1\boldsymbol{x}+\cdots+a_m\boldsymbol{x}^m$ 且 $\boldsymbol{A}$ 与 $\boldsymbol{B}$ 相似, 则 $g(\boldsymbol{A})$ 与 $g(\boldsymbol{B})$ 也相似.

***n* 阶矩阵 $\boldsymbol{A}$ 与对角矩阵相似**的充分必要条件是 $\boldsymbol{A}$ 有 n 个线性无关的特征向量.

设 σ 是数域 F 上 n 维向量空间 V 的一个线性变换, σ 在某组基下的矩阵为对角矩阵有下列条件:

(1)(充分必要条件) σ 有 n 个线性无关的特征向量.

(2)(充分必要条件) $\dim V_{\lambda_1}+\dim V_{\lambda_2}+\cdots+\dim V_{\lambda_s}=n$, 其中 $\lambda_1, \lambda_2, \cdots, \lambda_s$ 为 σ 的全部互异特征值.

(3)(充分条件) σ 在数域 F 上有 n 个不同的特征值.

二、典型例题选讲

例 6.1 已知矩阵 $\boldsymbol{A}=\begin{pmatrix}1&0&0\\-1&2&1\\-1&1&2\end{pmatrix}$, 能不能求出一个可逆矩阵 $\boldsymbol{T}$, 使得 $\boldsymbol{T}^{-1}\boldsymbol{A}\boldsymbol{T}$ 是一个对角矩阵?

解: 矩阵 $\boldsymbol{A}$ 的特征多项式

$$f(\lambda) = |\lambda \boldsymbol{E} - \boldsymbol{A}| = \begin{vmatrix} \lambda - 1 & 0 & 0 \\ 1 & \lambda - 2 & -1 \\ 1 & -1 & \lambda - 2 \end{vmatrix} = (\lambda - 1)^2(\lambda - 3)$$

$\boldsymbol{A}$ 的特征值为 $\lambda_1 = \lambda_2 = 1$, $\lambda_3 = 3$, 它们对应的线性无关的特征向量分别为:

$$\boldsymbol{T}_1 = \begin{pmatrix} 1 \\ 1 \\ 0 \end{pmatrix},\ \boldsymbol{T}_2 = \begin{pmatrix} 1 \\ 0 \\ 1 \end{pmatrix},\ \boldsymbol{T}_3 = \begin{pmatrix} 0 \\ 1 \\ 1 \end{pmatrix}$$

因此, $\boldsymbol{A}$ 可对角化. 取 $\boldsymbol{T} = (\boldsymbol{T}_1, \boldsymbol{T}_2, \boldsymbol{T}_3) = \begin{pmatrix} 1 & 1 & 0 \\ 1 & 0 & 1 \\ 0 & 1 & 1 \end{pmatrix}$, 则

$$\boldsymbol{T}^{-1}\boldsymbol{A}\boldsymbol{T} = \begin{pmatrix} 1 & 0 & 0 \\ 0 & 1 & 0 \\ 0 & 0 & 3 \end{pmatrix}.$$

例 6.2　设 σ 是线性空间 $\mathbf{R}^3$ 上的一个线性变换, 满足对任意向量 $\boldsymbol{\alpha} = (x, y, z) \in \mathbf{R}^3$, 有 $\sigma(\boldsymbol{\alpha}) = (x + y, y + z, z + x)$. 试求线性变换 σ 在基

$$\boldsymbol{\alpha}_1 = (0, 1, 1), \boldsymbol{\alpha}_2 = (1, 0, 1), \boldsymbol{\alpha}_3 = (1, 1, 0)$$

下的矩阵 $\boldsymbol{A}$.

解: [**基本思路**] 采用线性变换在不同基下矩阵之间的关系或线性变换矩阵的定义.

方法一　取线性空间 $\mathbf{R}^3$ 的标准基 $\boldsymbol{\varepsilon}_1 = (1, 0, 0)$, $\boldsymbol{\varepsilon}_2 = (0, 1, 0)$, $\boldsymbol{\varepsilon}_3 = (0, 0, 1)$, 则

$$(\boldsymbol{\alpha}_1, \boldsymbol{\alpha}_2, \boldsymbol{\alpha}_3) = (\boldsymbol{\varepsilon}_1, \boldsymbol{\varepsilon}_2, \boldsymbol{\varepsilon}_3)\begin{pmatrix} 0 & 1 & 1 \\ 1 & 0 & 1 \\ 1 & 1 & 0 \end{pmatrix}.$$

从而有

$$(\boldsymbol{\varepsilon}_1, \boldsymbol{\varepsilon}_2, \boldsymbol{\varepsilon}_3) = (\boldsymbol{\alpha}_1, \boldsymbol{\alpha}_2, \boldsymbol{\alpha}_3)\begin{pmatrix} 0 & 1 & 1 \\ 1 & 0 & 1 \\ 1 & 1 & 0 \end{pmatrix}^{-1}.$$

又由线性变换 σ 的定义可得 $\sigma(\boldsymbol{\alpha}_1) = (1, 2, 1)$, $\sigma(\boldsymbol{\alpha}_2) = (1, 1, 2)$, $\sigma(\boldsymbol{\alpha}_3) = (2, 1, 1)$, 所以

$$\sigma(\boldsymbol{\alpha}_1, \boldsymbol{\alpha}_2, \boldsymbol{\alpha}_3) = (\boldsymbol{\varepsilon}_1, \boldsymbol{\varepsilon}_2, \boldsymbol{\varepsilon}_3)\begin{pmatrix} 1 & 1 & 2 \\ 2 & 1 & 1 \\ 1 & 2 & 1 \end{pmatrix}.$$

故可得

$$\begin{aligned}\sigma(\boldsymbol{\alpha}_1, \boldsymbol{\alpha}_2, \boldsymbol{\alpha}_3) &= (\boldsymbol{\alpha}_1, \boldsymbol{\alpha}_2, \boldsymbol{\alpha}_3)\begin{pmatrix} 0 & 1 & 1 \\ 1 & 0 & 1 \\ 1 & 1 & 0 \end{pmatrix}^{-1}\begin{pmatrix} 1 & 1 & 2 \\ 2 & 1 & 1 \\ 1 & 2 & 1 \end{pmatrix} \\ &= (\boldsymbol{\alpha}_1, \boldsymbol{\alpha}_2, \boldsymbol{\alpha}_3)\begin{pmatrix} 1 & 1 & 0 \\ 0 & 1 & 1 \\ 1 & 0 & 1 \end{pmatrix}.\end{aligned}$$

所以线性变换 σ 在基 $\boldsymbol{\alpha}_1$, $\boldsymbol{\alpha}_2$, $\boldsymbol{\alpha}_3$ 下的矩阵 $A=\begin{pmatrix}1&1&0\\0&1&1\\1&0&1\end{pmatrix}$.

方法二 不妨设 $\sigma(\boldsymbol{\alpha}_1)$, $\sigma(\boldsymbol{\alpha}_2)$, $\sigma(\boldsymbol{\alpha}_3)$ 为

$$\begin{cases}\sigma(\boldsymbol{\alpha}_1)=x_{11}\boldsymbol{\alpha}_1+x_{12}\boldsymbol{\alpha}_2+x_{13}\boldsymbol{\alpha}_3\\ \sigma(\boldsymbol{\alpha}_2)=x_{21}\boldsymbol{\alpha}_1+x_{22}\boldsymbol{\alpha}_2+x_{23}\boldsymbol{\alpha}_3.\\ \sigma(\boldsymbol{\alpha}_3)=x_{31}\boldsymbol{\alpha}_1+x_{32}\boldsymbol{\alpha}_2+x_{33}\boldsymbol{\alpha}_3\end{cases}$$

则所求矩阵 $\boldsymbol{A}=\begin{pmatrix}x_{11}&x_{21}&x_{31}\\x_{12}&x_{22}&x_{32}\\x_{13}&x_{23}&x_{33}\end{pmatrix}$，且

$$(\sigma(\boldsymbol{\alpha}_1)',\ \sigma(\boldsymbol{\alpha}_2)',\ \sigma(\boldsymbol{\alpha}_3)')=(\boldsymbol{\alpha}_1',\ \boldsymbol{\alpha}_2',\ \boldsymbol{\alpha}_3')\begin{pmatrix}x_{11}&x_{21}&x_{31}\\x_{12}&x_{22}&x_{32}\\x_{13}&x_{23}&x_{33}\end{pmatrix}.$$

由线性变换 σ 的定义可得 $\sigma(\boldsymbol{\alpha}_1)=(1,2,1)$, $\sigma(\boldsymbol{\alpha}_2)=(1,1,2)$, $\sigma(\boldsymbol{\alpha}_3)=(2,1,1)$, 从而

$$\underset{\sigma(\boldsymbol{\alpha}_1)'\ \ \sigma(\boldsymbol{\alpha}_2)'\ \ \sigma(\boldsymbol{\alpha}_3)'}{\begin{pmatrix}1&1&2\\2&1&1\\1&2&1\end{pmatrix}}=\underset{\boldsymbol{\alpha}'_1\ \ \boldsymbol{\alpha}'_2\ \ \boldsymbol{\alpha}'_3}{\begin{pmatrix}0&1&1\\1&0&1\\1&1&0\end{pmatrix}}\begin{pmatrix}x_{11}&x_{21}&x_{31}\\x_{12}&x_{22}&x_{32}\\x_{13}&x_{23}&x_{33}\end{pmatrix}.$$

所以线性变换 σ 在基 $\boldsymbol{\alpha}_1$, $\boldsymbol{\alpha}_2$, $\boldsymbol{\alpha}_3$ 下的矩阵为

$$\boldsymbol{A}=\begin{pmatrix}x_{11}&x_{21}&x_{31}\\x_{12}&x_{22}&x_{32}\\x_{13}&x_{23}&x_{33}\end{pmatrix}=\begin{pmatrix}0&1&1\\1&0&1\\1&1&0\end{pmatrix}^{-1}\begin{pmatrix}1&1&2\\2&1&1\\1&2&1\end{pmatrix}=\begin{pmatrix}1&1&0\\0&1&1\\1&0&1\end{pmatrix}.$$

例 6.3 数域 F 上 n 维向量空间 V 的一个线性变换 σ 叫作一个对合变换，如果 $\sigma^2=\iota$, ι 是单位变换. 证明，任意对合变换在 V 中存在一组基，σ 在这组基下的矩阵是对角矩阵.

证明： 设 λ 是线性变换 σ 的一个本征值，$\boldsymbol{\alpha}$ 是属于本征值 λ 的本征向量，则

$$\sigma(\boldsymbol{\alpha})=\lambda\boldsymbol{\alpha},\ \sigma^2(\boldsymbol{\alpha})=\sigma(\sigma(\boldsymbol{\alpha}))=\sigma(\lambda\boldsymbol{\alpha})=\lambda^2\boldsymbol{\alpha}.$$

又 $\sigma^2=\iota$, $\therefore \lambda^2=1$, $\lambda=\pm1$. 所以 σ 的本征值只能是 ±1.

又 $\forall\boldsymbol{\alpha}\in V$, $\boldsymbol{\alpha}=\dfrac{\boldsymbol{\alpha}+\sigma(\boldsymbol{\alpha})}{2}+\dfrac{\boldsymbol{\alpha}-\sigma(\boldsymbol{\alpha})}{2}$, 有

$$\sigma\left(\frac{\boldsymbol{\alpha}+\sigma(\boldsymbol{\alpha})}{2}\right)=\frac{\sigma(\boldsymbol{\alpha})+\sigma^2(\boldsymbol{\alpha})}{2}=\frac{\sigma(\boldsymbol{\alpha})+\iota(\boldsymbol{\alpha})}{2}=\frac{\sigma(\boldsymbol{\alpha})+\boldsymbol{\alpha}}{2}$$

从而 $\dfrac{\boldsymbol{\alpha}+\sigma(\boldsymbol{\alpha})}{2}\in V_1$. 同理可得 $\dfrac{\boldsymbol{\alpha}-\sigma(\boldsymbol{\alpha})}{2}\in V_{-1}$. 故 $V=V_1\oplus V_{-1}$, 从而 σ 在 V 中存在一组基，在这组基下的矩阵是对角矩阵.

例 6.4 数域 F 上的一个 n 阶矩阵 $\boldsymbol{A}$ 叫做一个**幂等矩阵**，如果 $\boldsymbol{A}^2=\boldsymbol{A}$. 证明：任意幂等矩阵一定可以相似对角化.

证明： 因为 $\boldsymbol{A}^2=\boldsymbol{A}$, 则 $\boldsymbol{A}(\boldsymbol{E}-\boldsymbol{A})=0$ 且 $(\boldsymbol{E}-\boldsymbol{A})=0$, 所以 $\boldsymbol{E}-\boldsymbol{A}$ 的列向量都是 $\boldsymbol{AX}=\boldsymbol{0}$ 的

解，从而 $r(\boldsymbol{A})+r(\boldsymbol{E}-\boldsymbol{A})\leqslant n$.

因 $r(\boldsymbol{A})+r(\boldsymbol{E}-\boldsymbol{A})\geqslant r(\boldsymbol{A}+(\boldsymbol{E}-\boldsymbol{A}))=n$，所以 $r(\boldsymbol{A})+r(\boldsymbol{E}-\boldsymbol{A})=n$.

又 $\boldsymbol{E}-\boldsymbol{A}$ 的列向量都是 $\boldsymbol{A}$ 属于特征值 0 的特征向量.

又 $\boldsymbol{A}$ 的列向量都是 $\boldsymbol{A}$ 属于特征值 1 的特征向量，而 $r(\boldsymbol{A})+r(\boldsymbol{E}-\boldsymbol{A})=n$，则 $\boldsymbol{A}$ 有 n 个线性无关的特征向量. 故 $\boldsymbol{A}$ 可以相似对角化.

注： 满足条件 $a\sigma^2+b\sigma+c=0$ 的线性变换或者 $a\boldsymbol{A}^2+b\boldsymbol{A}+c=0$ 的矩阵的对角化问题都可以用以上例的方法证明.

例 6.6　若 $V=P^{2\times2}$（V 是数域 P 上全体二阶方阵组成的向量空间），$\boldsymbol{A}=\begin{pmatrix}1&-1\\0&0\end{pmatrix}\in V$. 且 $W=\{\boldsymbol{X}\mid\boldsymbol{X}\in V,\ \boldsymbol{AX}=\boldsymbol{XA}\}$.

(1) 证明：W 是 V 的子空间；

(2) 求 W 的维数；

(3) 求 V 的线性变换 σ 使 $\sigma(V)=W$.

解：(1) 证明：$\begin{pmatrix}0&0\\0&0\end{pmatrix}\in W$，$W$ 非空；$\forall\boldsymbol{X},\boldsymbol{Y}\in W$，$a,b\in P$，则

$\boldsymbol{A}(a\boldsymbol{X}+b\boldsymbol{Y})=a\boldsymbol{AX}+b\boldsymbol{AY}=a\boldsymbol{XA}+b\boldsymbol{YA}=(a\boldsymbol{X}+b\boldsymbol{Y})\boldsymbol{A}$. 由 $a\boldsymbol{X}+b\boldsymbol{Y}\in W$，故 W 是 V 的子空间.

(2) $\forall\boldsymbol{X}\in W$，设 $\boldsymbol{X}=\begin{pmatrix}x&y\\z&s\end{pmatrix}$，$\boldsymbol{AX}=\boldsymbol{XA}$，即

$$\begin{pmatrix}1&-1\\0&0\end{pmatrix}\begin{pmatrix}x&y\\z&s\end{pmatrix}=\begin{pmatrix}x&y\\z&s\end{pmatrix}\begin{pmatrix}1&-1\\0&0\end{pmatrix},$$

从而有 $\begin{cases}s=x+y\\z=0\end{cases}$，且 $\boldsymbol{X}=\begin{pmatrix}x&y\\z&s\end{pmatrix}=\begin{pmatrix}x&y\\0&x+y\end{pmatrix}=x\begin{pmatrix}1&0\\0&1\end{pmatrix}+y\begin{pmatrix}0&1\\0&0\end{pmatrix}$.

因为 $\begin{pmatrix}1&0\\0&1\end{pmatrix}$，$\begin{pmatrix}0&1\\0&0\end{pmatrix}$ 线性无关，所以 $\dim(W)=2$.

(3) V 的一组基为：$\begin{pmatrix}1&0\\0&0\end{pmatrix}$，$\begin{pmatrix}0&1\\0&0\end{pmatrix}$，$\begin{pmatrix}0&0\\1&0\end{pmatrix}$，$\begin{pmatrix}0&0\\0&1\end{pmatrix}$，定义

$$\sigma\left(\begin{pmatrix}1&0\\0&0\end{pmatrix}\right)=\begin{pmatrix}1&0\\0&1\end{pmatrix},\ \sigma\left(\begin{pmatrix}0&1\\0&0\end{pmatrix}\right)=\begin{pmatrix}0&1\\0&0\end{pmatrix},\ \sigma\left(\begin{pmatrix}0&0\\1&0\end{pmatrix}\right)=\sigma\left(\begin{pmatrix}0&0\\0&1\end{pmatrix}\right)=\begin{pmatrix}0&0\\0&0\end{pmatrix},$$

则 σ 是 V 的线性变换并且 $\sigma(V)=W$.

例 6.7　（大连交通大学，2014 年）设 σ 是 $\mathbf{R}^3$ 的线性变换，且

$$\sigma(x_1,x_2,x_3)=(x_1+2x_2-x_3,\ x_2+x_3,\ x_1+x_2-2x_3).$$

试求：(1) 值域 $\sigma(\mathbf{R}^3)$ 及它的一组基和维数；(2) 核 $\sigma^{-1}(0)$ 及它的一组基和维数.

解： 易知 $\boldsymbol{\varepsilon}_1=(1,0,0)$，$\boldsymbol{\varepsilon}_2=(0,1,0)$，$\boldsymbol{\varepsilon}_3=(0,0,1)$ 为 $\mathbf{R}^3$ 的一组基，由 σ 的定义知：

$$\sigma(\boldsymbol{\varepsilon}_1)=(1,0,1),\ \sigma(\boldsymbol{\varepsilon}_2)=(2,1,1),\ \sigma(\boldsymbol{\varepsilon}_3)=(-1,1,-2),$$

则 σ 在基 $\boldsymbol{\varepsilon}_1,\boldsymbol{\varepsilon}_2,\boldsymbol{\varepsilon}_3$ 下的矩阵为 $\boldsymbol{A}=\begin{pmatrix}1&2&-1\\0&1&1\\1&1&-2\end{pmatrix}$.

(1) 由值域 $\sigma(\mathbf{R}^3)=L(\sigma(\boldsymbol{\varepsilon}_1),\sigma(\boldsymbol{\varepsilon}_2),\sigma(\boldsymbol{\varepsilon}_3))$，又

$$A=\begin{pmatrix}1&2&-1\\0&1&1\\1&1&-2\end{pmatrix}\rightarrow\begin{pmatrix}1&2&-1\\0&1&1\\0&0&0\end{pmatrix},$$

所以$(1,0,1)^{\mathrm{T}}$，$(2,1,1)^{\mathrm{T}}$为矩阵$\boldsymbol{A}$的列向量组的一个极大线性无关组，因此$\sigma(\boldsymbol{\varepsilon}_1)=(1,0,1)$，$\sigma(\boldsymbol{\varepsilon}_2)=(2,1,1)$为值域$\sigma(\mathbf{R}^3)$的一组基，并且有：

$\sigma(\mathbf{R}^3)=\{(k_1+2k_2,k_2,k_1+k_2)\mid k_1,k_2\in\mathbf{R}\}$，$\dim(\sigma(\mathbf{R}^3))=2.$

(2) 因为

$$A=\begin{pmatrix}1&2&-1\\0&1&1\\1&1&-2\end{pmatrix}\rightarrow\begin{pmatrix}1&2&-1\\0&1&1\\0&0&0\end{pmatrix}\rightarrow\begin{pmatrix}1&0&-3\\0&1&1\\0&0&0\end{pmatrix},$$

则对应的齐次线性方程组$\boldsymbol{A}x=0$的一个基础解系为$\xi=(3,-1,1)^{\mathrm{T}}$，从而可得核$\sigma^{-1}(0)$的一组基为$(\boldsymbol{\varepsilon}_1,\boldsymbol{\varepsilon}_2,\boldsymbol{\varepsilon}_3)(3,-1,1)^{\mathrm{T}}=(3,-1,1)$，所以

$$\sigma^{-1}(0)=\{(3k,-k,k)\mid k\in\mathbf{R}\},\ \dim(\sigma^{-1}(0))=1.$$

例 6.8 设$\boldsymbol{A}$，$\boldsymbol{B}$是n维欧氏空间V的线性变换，对任意的α，$\beta\in V$，都有

$$(\boldsymbol{A}(\boldsymbol{\alpha}),\boldsymbol{\beta})=(\boldsymbol{\alpha},\boldsymbol{B}(\boldsymbol{\beta})),$$

试证明：$\boldsymbol{A}$的核等于$\boldsymbol{B}$的值域的正交补.

证明：$\forall\boldsymbol{\alpha}\in\boldsymbol{A}^{-1}(0)$，有$\boldsymbol{A}(\boldsymbol{\alpha})=0$，从而$\forall\boldsymbol{\beta}\in V$，有$(\boldsymbol{A}(\boldsymbol{\alpha}),\boldsymbol{\beta})=(\boldsymbol{\alpha},\boldsymbol{B}(\boldsymbol{\beta}))=0$，可得$\boldsymbol{\alpha}\perp\boldsymbol{B}(\boldsymbol{\beta})$. 又因为$\boldsymbol{B}(\boldsymbol{\beta})\in\boldsymbol{B}(V)$，所以$\boldsymbol{\alpha}\in\boldsymbol{B}(V)^{\perp}$，即$\boldsymbol{A}^{-1}(0)\subseteq\boldsymbol{B}(V)^{\perp}$.

由上证明可知：$\forall\boldsymbol{\beta}\in V$，有$\boldsymbol{\alpha}\perp\boldsymbol{B}(\boldsymbol{\beta})$，故$(\boldsymbol{\alpha},\boldsymbol{B}(\boldsymbol{\beta}))=0=(\boldsymbol{A}(\boldsymbol{\alpha}),\boldsymbol{\beta})$，因为$\boldsymbol{\beta}$的任意性，取$\boldsymbol{\beta}=\boldsymbol{A}(\boldsymbol{\alpha})$，则$(\boldsymbol{A}(\boldsymbol{\alpha}),\boldsymbol{A}(\boldsymbol{\alpha}))=0$，得到$\boldsymbol{A}(\boldsymbol{\alpha})=0$，所以也有$\boldsymbol{B}(V)^{\perp}\subseteq\boldsymbol{A}^{-1}(0)$. 综上可得$\boldsymbol{A}$的核等于$\boldsymbol{B}$的值域的正交补.

例 6.9 （湖南大学，2012 年）设$\boldsymbol{A}$和$\boldsymbol{B}$分别为$n\times m$阶和$m\times n$阶矩阵.

(1) 证明：$\lambda^m|\lambda\boldsymbol{E}_n-\boldsymbol{AB}|=\lambda^n|\lambda\boldsymbol{E}_m-\boldsymbol{BA}|$，其中$\boldsymbol{E}_n$，$\boldsymbol{E}_m$分别表示$n$阶和$m$阶的单位矩阵；

(2) 若

$$\boldsymbol{A}=\begin{pmatrix}a_1b_1&a_1b_2&\cdots&a_1b_n\\a_2b_1&a_2b_2&\cdots&a_2b_n\\\vdots&\vdots&&\vdots\\a_nb_1&a_nb_2&\cdots&a_nb_n\end{pmatrix}$$

求矩阵$\boldsymbol{E}_n+\boldsymbol{A}$的全部特征值.

解：(1) 证明：因为$\begin{pmatrix}\boldsymbol{I}_n&\boldsymbol{A}\\\boldsymbol{O}&\boldsymbol{I}_m\end{pmatrix}\begin{pmatrix}\boldsymbol{O}&\boldsymbol{O}\\\boldsymbol{B}&\boldsymbol{BA}\end{pmatrix}=\begin{pmatrix}\boldsymbol{AB}&\boldsymbol{ABA}\\\boldsymbol{B}&\boldsymbol{BA}\end{pmatrix}$，以及

$$\begin{pmatrix}\boldsymbol{AB}&\boldsymbol{O}\\\boldsymbol{B}&\boldsymbol{O}\end{pmatrix}\begin{pmatrix}\boldsymbol{I}_n&\boldsymbol{A}\\\boldsymbol{O}&\boldsymbol{I}_m\end{pmatrix}=\begin{pmatrix}\boldsymbol{AB}&\boldsymbol{ABA}\\\boldsymbol{B}&\boldsymbol{BA}\end{pmatrix},$$

从而$\begin{vmatrix}\boldsymbol{I}_n&\boldsymbol{A}\\\boldsymbol{O}&\boldsymbol{I}_m\end{vmatrix}=1$且$\begin{pmatrix}\boldsymbol{I}_n&\boldsymbol{A}\\\boldsymbol{O}&\boldsymbol{I}_m\end{pmatrix}$可逆，所以

$$\begin{pmatrix}\boldsymbol{I}_n&\boldsymbol{A}\\\boldsymbol{O}&\boldsymbol{I}_m\end{pmatrix}\begin{pmatrix}\boldsymbol{O}&\boldsymbol{O}\\\boldsymbol{B}&\boldsymbol{BA}\end{pmatrix}\begin{pmatrix}\boldsymbol{I}_n&\boldsymbol{A}\\\boldsymbol{O}&\boldsymbol{I}_m\end{pmatrix}^{-1}=\begin{pmatrix}\boldsymbol{AB}&\boldsymbol{O}\\\boldsymbol{B}&\boldsymbol{O}\end{pmatrix}.$$

这表明$\begin{pmatrix} AB & O \\ B & O \end{pmatrix}$与$\begin{pmatrix} O & O \\ B & BA \end{pmatrix}$相似，它们有相同的特征多项式，即：

$$\left| \lambda E_{n+m} - \begin{pmatrix} AB & O \\ B & O \end{pmatrix} \right| = \left| \lambda E_{n+m} - \begin{pmatrix} O & O \\ B & BA \end{pmatrix} \right|,$$

化为

$$\begin{vmatrix} \lambda E_n - AB & O \\ B & \lambda E_m \end{vmatrix} = \begin{vmatrix} \lambda E_n & O \\ B & \lambda E_m - BA \end{vmatrix},$$

故$\lambda^m |\lambda E_n - AB| = \lambda^n |\lambda E_m - BA|$.

(2) 若

$$A = \begin{pmatrix} a_1 b_1 & a_1 b_2 & \cdots & a_1 b_n \\ a_2 b_1 & a_2 b_2 & \cdots & a_2 b_n \\ \vdots & \vdots & & \vdots \\ a_n b_1 & a_n b_2 & \cdots & a_n b_n \end{pmatrix},$$

取$B = \begin{pmatrix} a_1 \\ a_2 \\ \vdots \\ a_n \end{pmatrix}$，$C = (b_1, \ b_2, \ \cdots, \ b_n)$，则$A = BC$，且$CB = a_1 b_1 + a_2 b_2 + \cdots + a_n b_n$.

根据(1)，$\lambda^1 |\lambda E_n - BC| = \lambda^n |\lambda E_1 - CB|$，矩阵$A$的全部特征值为：

$$0, 0, \cdots, 0, a_1 b_1 + a_2 b_2 + \cdots + a_n b_n.$$

则矩阵$E_n + A$的全部特征值为：$1, 1, \cdots, 1, 1 + a_1 b_1 + a_2 b_2 + \cdots + a_n b_n$.

例 6.10　数域F上n维向量空间V的一个线性变换σ满足$\sigma^3 = \iota$，ι是单位变换. 证明：

$$V = \mathrm{lm}(\sigma - \iota) \oplus \mathrm{lm}(\sigma^2 + \sigma + \iota).$$

证明：由$\sigma^3 = \iota$，则$(\sigma - \iota)(\sigma^2 + \sigma + \iota) = \theta$，$\theta$是零变换；则

$$((x - 1), (x^2 + x + 1)) = 1,$$

并且

$$(x - 1)\frac{2 - x}{3} + \frac{x^2 + x + 1}{3} = 1.$$

则

$$(\sigma - \iota)\frac{2 - \sigma}{3} + \frac{\sigma^2 + \sigma + \iota}{3} = \iota.$$

又对$\forall \alpha \in V$，有$\left((\sigma - \iota)\frac{2 - \sigma}{3} + \frac{\sigma^2 + \sigma + \iota}{3} \right)(\alpha) = \iota(\alpha)$，即：

$$\alpha = (\sigma - \iota)\left(\frac{2 - \sigma}{3}(\alpha) \right) + (\sigma^2 + \sigma + \iota)\left(\frac{\alpha}{3} \right),$$

$(\sigma - \iota)\left(\frac{2 - \sigma}{3}(\alpha) \right) \in \mathrm{lm}(\sigma - \iota)$，$(\sigma^2 + \sigma + \iota)\left(\frac{\alpha}{3} \right) \in \mathrm{lm}(\sigma^2 + \sigma + \iota)$，

所以有$V = \mathrm{lm}(\sigma - \iota) + \mathrm{lm}(\sigma^2 + \sigma + \iota)$.

若$\alpha \in \mathrm{lm}(\sigma - \iota) \cap \mathrm{lm}(\sigma^2 + \sigma + \iota)$，则：$\exists \beta, \gamma \in V$，使得

$$\boldsymbol{\alpha}=(\sigma-\iota)(\boldsymbol{\beta}),\ \boldsymbol{\alpha}=(\sigma^2+\sigma+\iota)(\gamma).$$

一方面，

$$(\sigma^2+\sigma+\iota)(\boldsymbol{\alpha})=(\sigma^3-\iota)(\boldsymbol{\beta})=0.$$

另一方面，

$$(\sigma^2+\sigma+\iota)(\boldsymbol{\alpha})=(\sigma^2+\sigma+\iota)^2(\gamma)=3(\sigma^2+\sigma+\iota)(\gamma)=3\boldsymbol{\alpha}.$$

所以 $\boldsymbol{\alpha}=0$，从而 $\mathrm{Im}(\sigma-\iota)\cap\mathrm{Im}(\sigma^2+\sigma+\iota)=\{0\}$，故

$$V=\mathrm{Im}(\sigma-\iota)\oplus\mathrm{Im}(\sigma^2+\sigma+\iota).$$

同步练习 6

1. (湖南大学，2015 年) 设 $\boldsymbol{A}$ 为 n 阶方阵. 证明：
   (1) 矩阵 $\boldsymbol{A}$ 的秩为 1 的充要条件是存在两个非零 n 阶向量 $\boldsymbol{\alpha},\boldsymbol{\beta}\in\mathbf{R}^n$，使得 $\boldsymbol{A}=\boldsymbol{\alpha}\boldsymbol{\beta}^{\mathrm{T}}$；
   (2) $\boldsymbol{A}=\boldsymbol{\alpha}\boldsymbol{\beta}^{\mathrm{T}}$ 时，$\boldsymbol{A}$ 的特征值为 $0,0,\cdots,\boldsymbol{\beta}^{\mathrm{T}}\boldsymbol{\alpha}$.
2. (浙江工商大学，2014 年) 在线性空间 $\mathbf{R}[x]_3$ 中，已知 $\boldsymbol{\beta}_1=1+x$，$\boldsymbol{\beta}_2=1-x$，$\boldsymbol{\beta}_3=1+x+x^2$，规定变换
   $$\sigma(f(x))=\frac{1}{x}\int_0^x f(t)\,\mathrm{d}t,\ \forall f(x)\in\mathbf{R}[x]_3.$$
   (1) 证明：$\boldsymbol{\beta}_1,\boldsymbol{\beta}_2,\boldsymbol{\beta}_3$ 是 $\mathbf{R}[x]_3$ 的一组基并且 σ 为线性变换；
   (2) 求线性变换 σ 在基 $\boldsymbol{\beta}_1,\boldsymbol{\beta}_2,\boldsymbol{\beta}_3$ 下的矩阵 $\boldsymbol{A}$.
3. 若 V 是数域 F 上全体二阶方阵组成的向量空间，$\boldsymbol{A}=\begin{pmatrix}1&2\\0&3\end{pmatrix}$. 定义 V 上的线性变换 σ 如下：
   $\sigma(\boldsymbol{X})=\boldsymbol{AX}-\boldsymbol{XA},\ \boldsymbol{X}\in V$.
   (1) 求 σ 的核和值域；
   (2) σ 能否对角化？若能对角化，求出 V 的一组基，使得 σ 在这组基下的矩阵对角矩阵.
4. 设 σ,τ 都是向量空间 V 上的线性变换，$\sigma^2=2\sigma$，证明 $\sigma\tau=\tau\sigma$ 当且仅当 $\mathbf{ker}(\sigma)$，$\mathrm{Im}(\sigma)$ 是 τ 的不变子空间.
5. 设 σ 实数域 $\mathbf{R}$ 上向量空间 $\mathbf{R}^3$ 的一个线性变换，已知：
   $\sigma(1,0,0)=(1,0,1)$，$\sigma(0,1,0)=(2,1,1)$，$\sigma(0,0,1)=(-1,1,-2)$
   (1) 试用矩阵 $\boldsymbol{A}$ 表示线性变换 $\sigma(x_1,x_2,x_3)=(x_1,x_2,x_3)\boldsymbol{A}$；
   (2) 求 σ 的值域 $\sigma(\mathbf{R}^n)$ 的一组基；
   (3) 求 σ 的核 $\sigma^{-1}(0)$ 的一组基.
6. 设 $\boldsymbol{A},\boldsymbol{B}\in\mathbf{R}^{2\times2}$，且 $\boldsymbol{A}^2=\boldsymbol{B}^2=\boldsymbol{E}$，$\boldsymbol{AB}+\boldsymbol{BA}=\boldsymbol{O}$，证明：存在可逆矩阵 $\boldsymbol{P}$，使得
   $\boldsymbol{P}^{-1}\boldsymbol{AP}=\begin{pmatrix}1&0\\0&-1\end{pmatrix}$，$\boldsymbol{P}^{-1}\boldsymbol{BP}=\begin{pmatrix}0&1\\1&0\end{pmatrix}$.
7. 设 $\boldsymbol{A},\boldsymbol{B}\in M_n(R)$. 证明：$\boldsymbol{A}$ 与 $\boldsymbol{B}$ 在 R 上相似的充要条件是 $\boldsymbol{A}$ 与 $\boldsymbol{B}$ 在 $\boldsymbol{C}$ 上相似.
8. (湖南大学，2007 年) 设 $\boldsymbol{A},\boldsymbol{B}$ 为同阶方阵，
   (1) 若 $\boldsymbol{A},\boldsymbol{B}$ 相似，证明 $\boldsymbol{A},\boldsymbol{B}$ 的特征多项式相同；
   (2) 举例说明(1) 的逆命题不成立；
   (3) 证明当 $\boldsymbol{A}$ 和 $\boldsymbol{B}$ 均为实对称矩阵时，(1) 的逆命题成立.

9. (湖南大学, 2007 年) 设 $\boldsymbol{A}$ 是实数域 R 上 n 维线性空间 V 的一个线性变换, $\boldsymbol{\eta}_1$, $\boldsymbol{\eta}_2$, $\cdots$, $\boldsymbol{\eta}_r$ 是值域 $\boldsymbol{A}(V)$ 的一组基.

(1) 若 $\boldsymbol{A}(\boldsymbol{\varepsilon}_i)=\boldsymbol{\eta}_i$, $i=2$, $\cdots$, r, 证明 V 是 $L(\boldsymbol{\varepsilon}_1, \boldsymbol{\varepsilon}_2, \cdots, \boldsymbol{\varepsilon}_r)$ 与 $\boldsymbol{A}^{-1}(0)$ 的直和, 其中 $L(\boldsymbol{\varepsilon}_1, \boldsymbol{\varepsilon}_2, \cdots, \boldsymbol{\varepsilon}_r)$ 是 V 中由 $\boldsymbol{\varepsilon}_1$, $\boldsymbol{\varepsilon}_2$, $\cdots$, $\boldsymbol{\varepsilon}_r$ 生成的线性子空间, $\boldsymbol{A}^{-1}(0)$ 为 $\boldsymbol{A}$ 的核;

(2) 若 $\boldsymbol{A}^2=\boldsymbol{O}$, 且 $\boldsymbol{A}$ 的秩为 r, 证明可以找到 V 的一组基, 使得 $\boldsymbol{A}$ 在这组基下的矩阵为 $\boldsymbol{A}=\begin{pmatrix}\boldsymbol{O} & N\\ \boldsymbol{O} & \boldsymbol{O}\end{pmatrix}$, 其中 N 是一个 $(n-r)\times r$ 的矩阵, 且其秩等于 r.

10. (湖南大学, 2007 年) 设实数域 R 上的 n 维线性空间 V 的线性变换 $\boldsymbol{A}$ 有 n 个互异的特征值, 证明线性变换 $\boldsymbol{B}$ 与 $\boldsymbol{A}$ 可交换的充分必要条件是存在不全为零的常数 k_0, k_1, k_2, $\cdots$, k_{n-1}, 使得 $\boldsymbol{B}=k_0\boldsymbol{E}+k_1\boldsymbol{A}+k_2\boldsymbol{A}^2+\cdots+k_{n-1}\boldsymbol{A}^{n-1}$, 其中 $\boldsymbol{E}$ 是恒等变换.

11. (湖南大学, 2008 年) 设 $\boldsymbol{A}$ 是数域 P 上 n 维线性空间 V 的一个线性变换, $\boldsymbol{\alpha}_1$, $\boldsymbol{\alpha}_2$, $\cdots$, $\boldsymbol{\alpha}_n$ 为 V 中 n 个非零元素, $\lambda\in P$. 若

$$(\boldsymbol{A}-\lambda\boldsymbol{E})\boldsymbol{\alpha}_1=0,\ (\boldsymbol{A}-\lambda\boldsymbol{E})\boldsymbol{\alpha}_{i+1}=\boldsymbol{\alpha}_i,\ i=1,\ 2,\ \cdots,\ n-1,$$

其中 $\boldsymbol{E}$ 为 V 上的线性变换.

(1) 证明 $\boldsymbol{\alpha}_1$, $\boldsymbol{\alpha}_2$, $\cdots$, $\boldsymbol{\alpha}_n$ 为 V 的一组基;

(2) 求 $\boldsymbol{A}$ 在基 $\boldsymbol{\alpha}_1$, $\boldsymbol{\alpha}_2$, $\cdots$, $\boldsymbol{\alpha}_n$ 下的矩阵.

12. (湖南大学, 2008 年) 设 $\boldsymbol{A}$ 为 n 阶幂零矩阵, 即存在正整数 k 使 $\boldsymbol{A}^k=0$.

(1) 求 $\boldsymbol{A}$ 的全部特征值;

(2) 若 $\boldsymbol{A}$ 的秩为 r, 证明 $\boldsymbol{A}^{r+1}$,

(3) 求行列式 $\det(\boldsymbol{E}+\boldsymbol{A})$, 其中 $\boldsymbol{E}$ 为 n 阶单位阵.

13. (湖南大学, 2008 年) 设 $\boldsymbol{A}$ 为 n 阶方阵, 而

$$W_1=\{x\in\mathbf{R}^n\,|\,\boldsymbol{A}x=0\},\ W_2=\{x\in\mathbf{R}^n\,|\,(\boldsymbol{A}-\boldsymbol{E})x=0\}.$$

证明: $\boldsymbol{A}$ 为幂等矩阵当且仅当 $\mathbf{R}^n=W_1\oplus W_2$.

14. (湖南大学, 2009 年) 设 V 是数域 P 上的一个 n 维线性空间, 设 $\boldsymbol{\alpha}_1$, $\boldsymbol{\alpha}_2$, $\cdots$, $\boldsymbol{\alpha}_n$ 是 V 的一组基, 用 V_1 表示向量 $\boldsymbol{\alpha}_1$, $\boldsymbol{\alpha}_2$, $\cdots$, $\boldsymbol{\alpha}_n$ 生成的子空间, 令

$$V_1=\{k\boldsymbol{\alpha}_1+k\boldsymbol{\alpha}_2+\cdots+k\boldsymbol{\alpha}_n,\ k\in P\},\ V_2=\left\{k_1\boldsymbol{\alpha}_1+k_2\boldsymbol{\alpha}_2+\cdots+k_n\boldsymbol{\alpha}_n\,\middle|\,\sum_{i=1}^{n}k_i=0,\ k_i\in P\right\}.$$

证明: (1) V_1, V_2 是 V 的子空间;

(2) $V=V_1\oplus V_2$, 其中$\oplus$表示子空间的直和.

15. (湖南大学, 2009 年) 设 σ 是 n 维向量空间 V 上的一个线性幂等变换, 即 $\sigma^2=\sigma$, 试证:

(1) σ 的特征值只能是 0 和 1;

(2) $\sigma+\varepsilon$ 为 V 上的可逆线性变换, 其中 ε 是 V 上的单位变换.

16. (湖南大学, 2011 年) 设 $\boldsymbol{A}\in P^{n\times n}$, 且 $\boldsymbol{A}^2=\boldsymbol{E}_n$, 其中 $\boldsymbol{E}_n$ 为 n 阶单位矩阵, 令

$$V_1=\{\boldsymbol{x}\in P^n\,|\,\boldsymbol{A}\boldsymbol{x}=\boldsymbol{x}\},\ V_2=\{\boldsymbol{x}\in P^n\,|\,\boldsymbol{A}\boldsymbol{x}=-\boldsymbol{x}\}.$$

证明:

(1) V_1 和 V_2 均为 P^n 的子空间;

(2) $P^n=V_1\oplus V_2$, 其中$\oplus$表示子空间的直和.

17. (湖南大学, 2011 年) 设 V 是复数域 C 上的线性空间, σ 和 τ 均为 V 上的线性变换, 且满足

$\sigma\tau = \tau\sigma$, 又设 λ_0 为 σ 的一个特征值, 证明:

(1) V_{λ_0} 为 τ 的不变子空间, 其中 $V_{\lambda_0} = \{\boldsymbol{\alpha} \in V \mid \sigma\boldsymbol{\alpha} = \lambda_0\boldsymbol{\alpha}\}$ 为 σ 的特征子空间;

(2) σ 与 τ 至少有一个公共的特征向量.

18. (湖南大学, 2012 年) 设 $\boldsymbol{A}$ 为 n 维线性空间 V 上的线性变换, 且 $\boldsymbol{A} = \boldsymbol{\varepsilon}$, 其中 $\boldsymbol{\varepsilon}$ 为 V 上的单位变换.

(1) $\boldsymbol{A}$ 的特征值只能是 ± 1;

(2) $V = V_1 \oplus V_{-1}$, 其中 V_1 和 V_{-1} 分别为线性变换 $\boldsymbol{A}$ 关于特征值 1 和 -1 的特征子空间;

(3) 存在 V 上的线性变换 $\boldsymbol{A}_1$ 和 $\boldsymbol{A}_2$, 使得 $\boldsymbol{A}_1 + \boldsymbol{A}_2 = \boldsymbol{\varepsilon}$, 且 $\boldsymbol{A} = \boldsymbol{A}_1 - \boldsymbol{A}_2$.

19. (湖南大学, 2013 年) 设 V 是数域 P 上的 n 维线性空间, $\boldsymbol{A}$ 是 V 的线性变换, 如果存在 V 中的一组基, 使得 $\boldsymbol{A}$ 在这组基下的矩阵为若当矩阵

$$\begin{pmatrix} 0 & 0 & \cdots & 0 & 0 \\ 1 & 0 & \cdots & 0 & 0 \\ \vdots & \vdots & & \vdots & \vdots \\ 0 & 0 & \cdots & 1 & 0 \end{pmatrix}.$$

证明:

(1) 存在向量 $\boldsymbol{\varepsilon} \in V$, 使得 $\boldsymbol{A}^{n-1}\boldsymbol{\varepsilon} \neq 0$, 但 $\boldsymbol{A}^n\boldsymbol{\varepsilon} = 0$;

(2) V 中包含向量 $\boldsymbol{\varepsilon}$ 的 $\boldsymbol{A}$-子空间(即 $\boldsymbol{A}$ 的不变子空间) 只有线性空间 V 自身;

(3) V 中的任一非零 $\boldsymbol{A}$-子空间都包含 $\boldsymbol{A}^{n-1}\boldsymbol{\varepsilon}$;

(4) V 不能分解为两个非平凡 $\boldsymbol{A}$-子空间的直和.

20. (湖南大学, 2013 年) 设 $\boldsymbol{\alpha}_1, \boldsymbol{\alpha}_2, \cdots, \boldsymbol{\alpha}_n$ 是 n 维线性空间 V 的一组基, $\boldsymbol{\beta}_1 = \boldsymbol{\alpha}_1, \boldsymbol{\beta}_2 = \boldsymbol{\alpha}_1 + \boldsymbol{\alpha}_2, \cdots, \boldsymbol{\beta}_n = \boldsymbol{\alpha}_1 + \boldsymbol{\alpha}_2 + \cdots + \boldsymbol{\alpha}_n$ 是 V 的一组基, 又若 $\boldsymbol{\alpha} \in V$ 在前一组基下的坐标为 $(n, n-1, \cdots, 2, 1)^{\mathrm{T}}$, 求 $\boldsymbol{\alpha}$ 在后一组基下的坐标.

21. (湖南大学, 2014 年) 设 $\boldsymbol{A}$ 为 $n \times n$ 阶实矩阵, $\boldsymbol{A}^2 = \boldsymbol{A}$, 证明 $\boldsymbol{A}$ 相似于对角矩阵 $\boldsymbol{\Lambda}$, 这里

$$\boldsymbol{\Lambda} = \begin{pmatrix} 1 & & & & & \\ & \ddots & & & & \\ & & 1 & & & \\ & & & 0 & & \\ & & & & \ddots & \\ & & & & & 0 \end{pmatrix}.$$

22. (湖南大学, 2014 年) 设 $\boldsymbol{E}$ 为 n 阶单位阵, $\boldsymbol{\omega} \in \mathbf{R}^n$ 为 n 维单位列向量, 记 $\boldsymbol{H} = \boldsymbol{E} - 2\boldsymbol{\omega}\boldsymbol{\omega}^{\mathrm{T}}$, 试求 $\boldsymbol{H}$ 的特征值和行列式.

23. (湖南大学, 2015 年) 设 $\boldsymbol{\varepsilon}_1, \boldsymbol{\varepsilon}_2, \boldsymbol{\varepsilon}_3, \boldsymbol{\varepsilon}_4$ 是线性空间 V 的一组基, 已知线性变换 τ 在这组基下的矩阵为

$$\boldsymbol{A} = \begin{pmatrix} 1 & 0 & 2 & 1 \\ -1 & 2 & 1 & 3 \\ 1 & 2 & 5 & 5 \\ 2 & -2 & 1 & -2 \end{pmatrix}$$

(1) 求 τ 在基 $\boldsymbol{\eta}_1 = \boldsymbol{\varepsilon}_1 - 2\boldsymbol{\varepsilon}_2 + \boldsymbol{\varepsilon}_4, \boldsymbol{\eta}_2 = 3\boldsymbol{\varepsilon}_2 - \boldsymbol{\varepsilon}_3 - \boldsymbol{\varepsilon}_4, \boldsymbol{\eta}_3 = \boldsymbol{\varepsilon}_3 + \boldsymbol{\varepsilon}_4, \boldsymbol{\eta}_4 = 2\boldsymbol{\varepsilon}_4$ 下的矩阵 $\boldsymbol{B}$;

(2) 求 τ 的值域 $\tau(V)$ 与核 $\tau^{-1}(0)$;

(3) 在 $\tau^{-1}(0)$ 中选一组基，将它扩充成 V 的一组基.

24. (湖南大学，2011 年) 设 $\boldsymbol{A}=(a_{ij})_{n\times n}$，且 $|\boldsymbol{A}|=0$，证明：$\boldsymbol{A}$ 的伴随矩阵 $\boldsymbol{A}^*$ 的 n 个特征值中至少有 $n-1$ 个为0，且一个非零特征值(如果存在) 等于 $\boldsymbol{A}_{11}+\boldsymbol{A}_{22}+\cdots+\boldsymbol{A}_{nn}$，其中 $\boldsymbol{A}_{ij}$ 为矩阵 $\boldsymbol{A}$ 的关于元素 a_{ij} 的代数余子式.

25. (湖南大学，2017 年) 设矩阵

$$\boldsymbol{A}=\begin{pmatrix} a_1 & a_2 & \cdots & a_n \\ a_n & a_1 & \cdots & a_{n-1} \\ \vdots & \vdots & & \vdots \\ a_2 & a_3 & \cdots & a_1 \end{pmatrix},\ \boldsymbol{P}=\begin{pmatrix} 0 & 1 & 0 & \cdots & 0 \\ 0 & 0 & 1 & \cdots & 0 \\ \vdots & \vdots & \vdots & & \vdots \\ 0 & 0 & 0 & \cdots & 1 \\ 1 & 0 & 0 & \cdots & 0 \end{pmatrix},$$

其中 P 为 n 阶置换矩阵，它的每一行每一列均只有一个为元素为 1，其余元素均为 0.

(1) 证明存在 $n-1$ 次多项式 $f(\lambda)$，使得 $\boldsymbol{A}=f(\boldsymbol{P})$；

(2) 求矩阵 $\boldsymbol{A}$ 的所有特征值与特征向量；

(3) 计算行列式 $|\boldsymbol{A}|$.

26. (湖南大学，2014 年) 设 $\boldsymbol{A}$ 为 n 阶方阵，且秩 $r(\boldsymbol{A})=r$，证明：

(1) 存在 n 阶可逆矩阵 $\boldsymbol{P}$，使得 $\boldsymbol{PAP}^{-1}=\begin{pmatrix}\boldsymbol{B}\\ \boldsymbol{O}\end{pmatrix}$，其中 $\boldsymbol{B}$ 为 $r\times n$ 阶行满秩矩阵；

(2) 若 $\boldsymbol{A}$ 为幂等矩阵，即 $\boldsymbol{A}^2=\boldsymbol{A}$，则 $\mathrm{tr}(\boldsymbol{A})$ 为矩阵 $\boldsymbol{A}$ 的迹.

27. (中南大学，2009 年) 设线性空间 V 上的线性变换 $\boldsymbol{A}$ 满足 $\boldsymbol{A}^2=\boldsymbol{A}$，证明：

(1)$\boldsymbol{A}$ 的特征值只能为 0 或 1；

(2) 核 $\boldsymbol{A}^{-1}(0)=\{\boldsymbol{\alpha}-\boldsymbol{A}(\boldsymbol{\alpha})\mid\boldsymbol{\alpha}\in V\}$，值域 $\boldsymbol{A}(V)=\{\boldsymbol{\alpha}=\boldsymbol{A}(\boldsymbol{\alpha})\mid\boldsymbol{\alpha}\in V\}$；

(3)$\boldsymbol{A}^{-1}(0)$ 与 $\boldsymbol{A}(V)$ 都是 $\boldsymbol{A}$ 的不变子空间；

(4)$V=\boldsymbol{A}^{-1}(0)\oplus\boldsymbol{A}(V)$，其中$\oplus$表示子空间的直和.

28. (中南大学，2010 年) 设 $\boldsymbol{A}\in\mathbf{R}^{n\times n}$，$\boldsymbol{E}$ 为单位矩阵，记 $p(\boldsymbol{A})=\max|\lambda|$($\lambda$ 为 $\boldsymbol{A}$ 的特征值)，证明：若 $p(\boldsymbol{A})<1$，则 $\boldsymbol{E}-\boldsymbol{A}$ 可逆.

29. (中南大学，2010 年) 设 V 为数域 P 上的线性空间，δ 为 V 的线性变换 $f(x)$，$g(x)\in P[x]$，$h(x)=f(x)g(x)$.

证明：若 $(f(x),g(x))=1$，则 $\ker h(\delta)=\ker f(\delta)\oplus\ker g(\delta)$.

30. (中南大学，2010 年) 设 $\boldsymbol{\varepsilon}_1,\boldsymbol{\varepsilon}_2,\boldsymbol{\varepsilon}_3,\boldsymbol{\varepsilon}_4$ 是欧式空间 V 的一个标准正交基，δ 是 V 的线性变换，且

$$\begin{cases}\delta(\boldsymbol{\varepsilon}_1)=\boldsymbol{\varepsilon}_1+\boldsymbol{\varepsilon}_2-\boldsymbol{\varepsilon}_4,\\ \delta(\boldsymbol{\varepsilon}_2)=\boldsymbol{\varepsilon}_1+\boldsymbol{\varepsilon}_2-\boldsymbol{\varepsilon}_3,\\ \delta(\boldsymbol{\varepsilon}_3)=-\boldsymbol{\varepsilon}_2+\boldsymbol{\varepsilon}_3+\boldsymbol{\varepsilon}_4,\\ \delta(\boldsymbol{\varepsilon}_4)=-\boldsymbol{\varepsilon}_1+\boldsymbol{\varepsilon}_3+\boldsymbol{\varepsilon}_4,\end{cases}$$

(1) 证明 δ 是一个对称变换.

(2) 求 V 的一个标准正交基，使 δ 在该基下的矩阵为对角阵.

31. (中南大学，2011 年) 设 $\boldsymbol{\alpha}_1,\boldsymbol{\alpha}_2,\boldsymbol{\alpha}_3$ 是三维线性空间 V 的一组基，已知线性变换 δ 在 $\boldsymbol{\alpha}_1,\boldsymbol{\alpha}_2,\boldsymbol{\alpha}_3$ 下的矩阵为

$$A=\begin{pmatrix}1&2&-1\\2&1&0\\3&0&1\end{pmatrix}，且\begin{cases}\boldsymbol{\beta}_1=2\boldsymbol{\alpha}_1+\boldsymbol{\alpha}_2+3\boldsymbol{\alpha}_3\\\boldsymbol{\beta}_2=\boldsymbol{\alpha}_1+\boldsymbol{\alpha}_2+2\boldsymbol{\alpha}_3\\\boldsymbol{\beta}_3=-\boldsymbol{\alpha}_1+\boldsymbol{\alpha}_2+\boldsymbol{\alpha}_3\end{cases},$$

(1) 证明$\boldsymbol{\beta}_1,\boldsymbol{\beta}_2,\boldsymbol{\beta}_3$也是$V$的一组基；

(2) 求δ在$\boldsymbol{\beta}_1,\boldsymbol{\beta}_2,\boldsymbol{\beta}_3$下的矩阵；

(3) 求$\dim(\delta V)$.

32. (中南大学，2014年) 设ℓ是复数域上n维线性空间V的一个非零且不可逆线性变换，证明：存在ℓ的不变子空间V_1和V_2，使得

$$V=V_1\oplus V_2,$$

且$\ell|V_1$为可逆变换，$\ell|V_2$为幂零变换.

33. (中南大学，2017年) 已知矩阵$\boldsymbol{A}=\begin{pmatrix}0&0&1\\-1&0&-2\\-2&3&-2\end{pmatrix}$

(1) 在有理数域上，$\boldsymbol{A}$是否可对角化，并说明理由；

(2) 在复数域上，$\boldsymbol{A}$是否可对角化，并说明理由.

34. (中南大学，2017年) 在数域F上，线性空间V上的线性变换δ满足$\delta^3=\boldsymbol{I}$，I为恒等变换，证明：

$$V=\ker(\delta-I)\oplus\ker(\delta^2+\delta+I).$$

35. (中南大学，2018年) 设$\boldsymbol{A}_1,\boldsymbol{A}_2,\cdots,\boldsymbol{A}_s$为方阵，$\boldsymbol{A}=\begin{pmatrix}\boldsymbol{A}_1&&&\\&\boldsymbol{A}_2&&\\&&\ddots&\\&&&\boldsymbol{A}_s\end{pmatrix}$. 证明$\boldsymbol{A}$可对角化当且仅当$\boldsymbol{A}_1,\boldsymbol{A}_2,\cdots,\boldsymbol{A}_s$可对角化.

36. (中南大学，2018年) 设$f(x)=(x-3)^2$，$g(x)=(x-1)$，定义实数域$\mathbf{R}$上线性空间$\mathbf{R}^3$的线性变换如下：

$$\delta(x,y,z)=(2x+y,x+2y,3z).$$

(1) 求δ，$f(\delta)$，$g(\delta)$，在$\mathbf{R}^3$的基$(1,0,0)$，$(0,1,0)$，$(0,0,1)$下的矩阵.

(2) 求$\ker f(\delta)$，$\ker g(\delta)$，并证明$\mathbf{R}^3=\ker f(\delta)\oplus\ker g(\delta)$.

37. (湖南师范大学，2011年) 已知实数$a_1,a_2,\cdots,a_n$满足$\sum_{i=1}^n a_i=0$，令

$$\boldsymbol{A}=\begin{pmatrix}a_1^2+1&a_1a_2+1&\cdots&a_1a_n+1\\a_2a_1+1&a_2^2+1&\cdots&a_2a_n+1\\\vdots&\vdots&&\vdots\\a_na_1+1&a_na_2+1&\cdots&a_n^2+1\end{pmatrix}.$$

(1) 证明：存在一个$n\times2$的矩阵$\boldsymbol{B}$，使得$\boldsymbol{A}=\boldsymbol{B}\boldsymbol{B}'$；

(2) 求n阶实矩阵$\boldsymbol{A}$的特征值.

38. (湖南师范大学, 2012 年) 设

$$A=\begin{pmatrix}1&1&\cdots&1\\1&1&\cdots&1\\\vdots&\vdots&&\vdots\\1&1&\cdots&1\end{pmatrix}$$

是 n 阶全 1 矩阵, 其中 k 为一个数.

(1) 当 k 为何值时, 有 $A^2=kA$ 成立;

(2) 对(1) 中所求得的数 k, 计算 A 的特征值.

39. (湖南师范大学,) 已知线性空间 P^3 上的线性变换

$$A(x,y,z)=(x+2y-z,y+z,x+y-2z).$$

求 A 的值域 $A(P^3)$ 与核 $A^{-1}(0)$ 的基与维数

40. (湖南师范大学, 2014 年) 设 A 为实线性空间 $\mathbf{R}^3\to\mathbf{R}^3$ 的线性变换, 已知

$$A(1,0,0)=(1,0,1),A(0,1,0)=(2,1,1),A(0,0,1)=(-1,1,-2).$$

(1) 试用矩阵 B 表示此变换 $A(x_1,x_2,x_3)=(x_1,x_2,x_3)B$;

(2) 求 A 的值域 $A(\mathbf{R}^3)$ 的一个基;

(3) 求 A 的核 $A^{-1}(0)$ 的一个基.

41. (湖南师范大学, 2014 年) 设 V 是数域 P 上的 n 维线性空间, A 是 V 的线性变换且 $A^{n-1}\neq 0$, $A^n=0$. 证明:

(1) 存在 V 的一个向量 α 使得

$$\alpha, A\alpha, A^2\alpha, \cdots, A^{n-1}\alpha,$$

是 V 的一个基;

(2) 对于整数 $1\leqslant k\leqslant n$, 有

$$\dim A^k(V)=n-k.$$

42. (湖南师范大学, 2015 年) 设矩阵

$$A=\begin{pmatrix}a&-1&c\\5&b&c\\1-c&0&-a\end{pmatrix}.$$

已知 A 的行列式 $|A|=-1$, A 的伴随矩阵 A^* 有一个特征值 λ_0, 且 A^* 属于 λ_0 的一个特征向量是 $\alpha=(-1,-1,1)^{\mathrm{T}}$, 试求 a,b,c 和 λ_0 的值.

43. (湖南师范大学, 2016 年) 在数域 P 上的 2×2 矩阵空间 $P^{2\times 2}$ 中, $B=\begin{pmatrix}1&2\\0&2\end{pmatrix}$, 定义线性变换 A 如下:

$$A(X)=XB-BX,\ \forall X\in P^{2\times 2}$$

试求: (1)A 的特征多项式;　(2)A 的属于特征值 0 的特征向量.

44. (湖南师范大学, 2017 年) 设 W_1, W_2 是 n 维线性空间 V 的两个子空间. 证明: 存在一个线性变换 A 使 $A^{-1}(0)=W_1$, $A(V)=W_2$ 当且仅当 $\dim W_1+\dim W_2=n$.

45. (湖南师范大学, 2018 年) 设 V 是全体次数不超过 4 的实系数多项式再添上零多项式组成的实数域上的线性空间, 定义 V 上的线性变换 A:

$$A[f(x)]=xf'(x)-f(x),\ \forall f(x)\in V.$$

(1) 求 $\boldsymbol{A}$ 在基 $1, x, x^2, x^3, x^4$ 下的矩阵;

(2) 求 $\boldsymbol{A}$ 的核 $\boldsymbol{A}^{-1}(\boldsymbol{0})$ 的基与维数;

(3) 求 $\boldsymbol{A}$ 的值域 $\boldsymbol{A}(V)$ 的基与维数.

46. (湖南师范大学, 2019 年) 设 $\boldsymbol{A}$ 为线性空间 V 的一个线性变换, 且

$$V_1 = \{\boldsymbol{\alpha} \in V \mid \boldsymbol{A}\boldsymbol{\alpha} = \boldsymbol{0}\}, \quad V_2 = \{\boldsymbol{\alpha} \in V \mid (\boldsymbol{E} - \boldsymbol{A})\boldsymbol{\alpha} = \boldsymbol{0}\},$$

其中 $\boldsymbol{E}$ 是 V 的恒等变换, 证明: $V = V_1 \oplus V_2$ 当且仅当 $\boldsymbol{A}^2 = \boldsymbol{A}$.

47. (湖南师范大学, 2015 年) 设 $\boldsymbol{A}$ 是 n 维线性空间的线性变换, 则下列条件等价;

(1)$\boldsymbol{A}^2 = F$(恒等变换); (2)$\boldsymbol{A}$ 的特征值为 ± 1, 且 $V = V_1 \oplus V_{-1}$, 其中 V_1, V_{-1} 分别为特征值 1, -1 的特征子空间; (3)V 中有一组基, 使 $\boldsymbol{A}$ 在该基下的矩阵为:

$$\boldsymbol{A} = \begin{pmatrix} \boldsymbol{I}_r & 0 \\ 0 & -\boldsymbol{I}_{n-r} \end{pmatrix}.$$

48. (湖南师范大学, 2016 年) 设 V 是 n 维线性空间, $\boldsymbol{A}$ 是 V 上的线性变换, 证明下列条件等价:

(1) 存在自然数 m, 使得 $\boldsymbol{A}^{2m}(V) = \boldsymbol{A}^m(V)$, $(\boldsymbol{A}^{2m})^{-1}(\boldsymbol{0}) = (\boldsymbol{A}^m)^{-1}(\boldsymbol{0})$;

(2) $V = \boldsymbol{A}^m(V) \oplus (\boldsymbol{A}^m)^{-1}(\boldsymbol{0})$.

第 7 章　欧氏空间

本章主要研究向量的度量问题，重点研究向量的正交性.

一、基本概念与重要结论

本节来解决用正交矩阵将实对称矩阵相似对角化的问题，这些结论在数学物理中有重要的应用.

1. 内积和标准正交基

设 V 是实数域 $\mathbf{R}$ 上的向量空间，如果对于 V 中的任意一对向量 $\boldsymbol{\xi}$，$\boldsymbol{\eta}$ 都有一个确定的实数 $\langle\boldsymbol{\xi}, \boldsymbol{\eta}\rangle$ 与之对应，且这个实数 $\langle\boldsymbol{\xi}, \boldsymbol{\eta}\rangle$ 满足下列性质 $(\xi, \eta, \boldsymbol{\zeta} \in V, k \in \mathbf{R})$：

(1) $\langle\boldsymbol{\xi}, \boldsymbol{\eta}\rangle = \langle\boldsymbol{\eta}, \boldsymbol{\xi}\rangle$；

(2) $\langle k\boldsymbol{\xi}, \boldsymbol{\eta}\rangle = k\langle\boldsymbol{\xi}, \boldsymbol{\eta}\rangle$；

(3) $\langle\boldsymbol{\xi} + \boldsymbol{\eta}, \boldsymbol{\zeta}\rangle = \langle\boldsymbol{\xi}, \boldsymbol{\zeta}\rangle + \langle\boldsymbol{\eta}, \boldsymbol{\zeta}\rangle$；

(4) $(\boldsymbol{\xi}, \boldsymbol{\xi}) \geqslant 0$，当且仅当 $\boldsymbol{\xi} = \mathbf{0}$ 时等号成立，

则称实数 $\langle\boldsymbol{\xi}, \boldsymbol{\eta}\rangle$ 为向量 $\boldsymbol{\xi}$，$\boldsymbol{\eta}$ 的**内积**（或标量积）. 定义了内积的实向量空间 V 称为**欧几里得空间**（简称欧氏空间），也称**内积空间**.

向量的内积满足柯西 - 许瓦兹(Cauchy_Schwarz) 不等式

$$\langle\boldsymbol{\xi}, \boldsymbol{\eta}\rangle^2 \leqslant \langle\boldsymbol{\xi}, \boldsymbol{\xi}\rangle\langle\boldsymbol{\eta}, \boldsymbol{\eta}\rangle,$$

等号成立的条件是向量 $\boldsymbol{\xi}$，$\boldsymbol{\eta}$ 线性相关.

内积空间中的向量 $\boldsymbol{\alpha}$ 的长度（模）定义为：$|\boldsymbol{\alpha}| = \sqrt{(\boldsymbol{\alpha}, \boldsymbol{\alpha})}$，若 $|\boldsymbol{\alpha}| = 1$，则称向量 $\boldsymbol{\alpha}$ 为**单位向量**. 易知 $\dfrac{\boldsymbol{\alpha}}{|\boldsymbol{\alpha}|}(\boldsymbol{\alpha} \neq \mathbf{0})$ 是单位向量，这是把一个向量**单位化**的方法.

两非零向量 $\boldsymbol{\alpha}$，$\boldsymbol{\beta}$ 的**夹角**定义为：$\theta = \arccos \dfrac{(\boldsymbol{\alpha}, \boldsymbol{\beta})}{|\boldsymbol{\alpha}||\boldsymbol{\beta}|}$，$(0 \leqslant \theta \leqslant \pi)$.

当 $(\boldsymbol{\alpha}, \boldsymbol{\beta}) = 0$ 时，称向量 $\boldsymbol{\alpha}$ 与 $\boldsymbol{\beta}$ **正交**（或垂直）. 显然，零向量 $\mathbf{0}$ 与任何向量正交.

在 n 维欧氏空间中两两正交的非零向量组称为**正交向量组**，正交向量组 $\boldsymbol{\alpha}_1, \boldsymbol{\alpha}_2, \cdots, \boldsymbol{\alpha}_r$ 一定是线性无关的，且 $r \leqslant n$.

若 $\boldsymbol{\alpha}$ 与 $\boldsymbol{\alpha}_1, \boldsymbol{\alpha}_2, \cdots, \boldsymbol{\alpha}_r$ 中的每一个向量都正交，则 $\boldsymbol{\alpha}$ 与 $\boldsymbol{\alpha}_1, \boldsymbol{\alpha}_2, \cdots, \boldsymbol{\alpha}_r$ 的任意线性组合都正交.

设 $\boldsymbol{\alpha}_1, \boldsymbol{\alpha}_2, \cdots, \boldsymbol{\alpha}_r$ 线性无关，取

$\boldsymbol{\beta}_1 = \boldsymbol{\alpha}_1$；

$\boldsymbol{\beta}_2 = \boldsymbol{\alpha}_2 - \dfrac{(\boldsymbol{\alpha}_2, \boldsymbol{\beta}_1)}{(\boldsymbol{\beta}_1, \boldsymbol{\beta}_1)}\boldsymbol{\beta}_1$；

$$\boldsymbol{\beta}_3=\boldsymbol{\alpha}_3-\frac{(\boldsymbol{\alpha}_3,\boldsymbol{\beta}_1)}{(\boldsymbol{\beta}_1,\boldsymbol{\beta}_1)}\boldsymbol{\beta}_1-\frac{(\boldsymbol{\alpha}_3,\boldsymbol{\beta}_2)}{(\boldsymbol{\beta}_2,\boldsymbol{\beta}_2)}\boldsymbol{\beta}_2;$$

$$\vdots$$

$$\boldsymbol{\beta}_r=\boldsymbol{\alpha}_r-\frac{(\boldsymbol{\alpha}_r,\boldsymbol{\beta}_1)}{(\boldsymbol{\beta}_1,\boldsymbol{\beta}_1)}\boldsymbol{\beta}_1-\frac{(\boldsymbol{\alpha}_r,\boldsymbol{\beta}_2)}{(\boldsymbol{\beta}_2,\boldsymbol{\beta}_2)}\boldsymbol{\beta}_2-\cdots-\frac{(\boldsymbol{\alpha}_r,\boldsymbol{\beta}_{r-1})}{(\boldsymbol{\beta}_{r-1},\boldsymbol{\beta}_{r-1})}\boldsymbol{\beta}_{r-1};$$

那么，$\boldsymbol{\beta}_1,\boldsymbol{\beta}_2,\cdots,\boldsymbol{\beta}_r$ 两两正交，且 $\boldsymbol{\alpha}_1,\boldsymbol{\alpha}_2,\cdots,\boldsymbol{\alpha}_r$ 与 $\boldsymbol{\beta}_1,\boldsymbol{\beta}_2,\cdots,\boldsymbol{\beta}_r$ 等价.

上述方法称为**施密特(Schmidt)正交化方法**.

把向量组 $\boldsymbol{\beta}_1,\boldsymbol{\beta}_2,\cdots,\boldsymbol{\beta}_r$ 单位化，就得一组与 $\boldsymbol{\alpha}_1,\boldsymbol{\alpha}_2,\cdots,\boldsymbol{\alpha}_r$ 等价的正交单位向量组.

若 $\boldsymbol{\varepsilon}_1,\boldsymbol{\varepsilon}_2,\cdots,\boldsymbol{\varepsilon}_n$ 是 n 维向量空间 V 的一组基，且它们是正交单位向量组，则称 $\boldsymbol{\varepsilon}_1,\boldsymbol{\varepsilon}_2,\cdots,\boldsymbol{\varepsilon}_n$ 是 n 维向量空间 V 的一组**标准正交基**(或规范正交基).

$\boldsymbol{\varepsilon}_1,\boldsymbol{\varepsilon}_2,\cdots,\boldsymbol{\varepsilon}_n$ 是 n 维向量空间 V 的一组标准正交基的充要条件是 $(\boldsymbol{\varepsilon}_i,\boldsymbol{\varepsilon}_j)=\begin{cases}1, & i=j,\\ 0, & i\neq j.\end{cases}$ 易知 n 维欧氏空间中一定存在标准正交基.

2. 正交补空间

W 是向量空间 V 的子空间，$\boldsymbol{\alpha}\in V$，若 $\forall\boldsymbol{\beta}\in W$，都有 $\boldsymbol{\alpha}\perp\boldsymbol{\beta}$，则称 $\boldsymbol{\alpha}$ 与 W **正交**；

所有与 W 正交的向量做成 V 的一个子空间，这个子空间称为 W 的**正交补**，记做 $W^{\perp}$.

我们有：$V=W\oplus W^{\perp}$.

V 是 n 维向量空间，W 是向量空间 V 的 s 维子空间，若 $\boldsymbol{\varepsilon}_1,\boldsymbol{\varepsilon}_2,\cdots,\boldsymbol{\varepsilon}_s$ 是 W 的一组标准正交基，把它扩充为 V 的一组标准正交基 $\boldsymbol{\varepsilon}_1,\boldsymbol{\varepsilon}_2,\cdots,\boldsymbol{\varepsilon}_n$，则

$$W^{\perp}=L(\boldsymbol{\varepsilon}_{s+1},\boldsymbol{\varepsilon}_{s+2},\cdots,\boldsymbol{\varepsilon}_n).$$

W 是向量空间 V 的 s 维子空间，若 $\boldsymbol{\varepsilon}_1,\boldsymbol{\varepsilon}_2,\cdots,\boldsymbol{\varepsilon}_s$ 是 W 的一组标准正交基，$\forall\boldsymbol{\alpha}\in V$，称

$$\boldsymbol{\alpha}_W=(\boldsymbol{\alpha},\boldsymbol{\varepsilon}_1)\boldsymbol{\varepsilon}_1+(\boldsymbol{\alpha},\boldsymbol{\varepsilon}_2)\boldsymbol{\varepsilon}_2+\cdots+(\boldsymbol{\alpha},\boldsymbol{\varepsilon}_s)\boldsymbol{\varepsilon}_s$$

为 $\boldsymbol{\alpha}$ 在 W 上的**正射影**.

$$\forall\boldsymbol{\beta}\in V,\ |\boldsymbol{\alpha}-\boldsymbol{\alpha}_W|\leqslant|\boldsymbol{\alpha}-\boldsymbol{\beta}|.$$

在这种情况下，也 $\boldsymbol{\alpha}_W$ 称做是 $\boldsymbol{\alpha}$ 在 W 上的最佳逼近.

若 $\boldsymbol{\alpha}_1,\boldsymbol{\alpha}_2,\cdots,\boldsymbol{\alpha}_n$ 是 n 维向量空间 V 的一组基，$\boldsymbol{\beta}_1,\boldsymbol{\beta}_2,\cdots,\boldsymbol{\beta}_n$ 是 n 维向量空间 W 的一组基，则：$f(x_1\boldsymbol{\alpha}_1+x_2\boldsymbol{\alpha}_2+\cdots+x_n\boldsymbol{\alpha}_n)=x_1\boldsymbol{\beta}_1+x_2\boldsymbol{\beta}_2+\cdots+x_n\boldsymbol{\beta}_n$ 是 V 到 W 的一个**同构映射**.

3. 正交矩阵和正交变换

若 $\boldsymbol{A}^{-1}=\boldsymbol{A}^{\mathrm{T}}$，称 $\boldsymbol{A}$ 为**正交矩阵**. 正交矩阵 $\boldsymbol{A}$ 有如下性质：

(1) $|\boldsymbol{A}|=\pm1$；

(2) $\boldsymbol{A}$ 的行(列)向量组是两两正交的单位向量；

(3) $\boldsymbol{A}^{\mathrm{T}}$，$\boldsymbol{A}^{-1}$ 也都是正交矩阵；

σ 是欧式空间 V 上的线性变换，若 $\forall\boldsymbol{\alpha}\in V$，都有 $|\sigma(\boldsymbol{\alpha})|=|\boldsymbol{\alpha}|$，则称 σ 是欧式空间 V 上的**正交变换**.

σ 是欧式空间 V 上的正交变换，当且仅当 σ 在标准正交基下的矩阵是正交矩阵.

σ 是欧式空间 V 上的正交变换，当且仅当 σ 把标准正交基还是变为标准正交基.

正交变换的性质为：(1) 正交变换是可逆的，其逆变换仍是正交变换；(2) 正交变换的乘

积仍是正交变换.

σ 是欧式空间 V 上的线性变换，若 $\forall \boldsymbol{\alpha}, \boldsymbol{\beta} \in V$，都有 $(\sigma(\boldsymbol{\alpha}), \boldsymbol{\beta}) = (\boldsymbol{\alpha}, \sigma(\boldsymbol{\beta}))$，则称 σ 是欧式空间 V 上的**对称变换**.

σ 是欧式空间 V 上的对称变换，当且仅当 σ 在标准正交基下的矩阵是对称矩阵.

对称变换的本征值都是实数；实对称矩阵的特征值都是实数.

对称变换属于不同本征值的本征向量彼此正交，实对称矩阵属于不同特征值的特征向量彼此正交.

λ 是实对称矩阵 $\boldsymbol{A}$ 的 r 重特征值，则 $\boldsymbol{A}$ 恰好有 r 个属于特征值 λ 的线性无关的特征向量.

$\boldsymbol{A}$ 为 n 阶实对称矩阵，必存在正交矩阵 $\boldsymbol{P}$，使得 $\boldsymbol{P}^{-1}\boldsymbol{A}\boldsymbol{P}$ 或 $\boldsymbol{P}^{\mathrm{T}}\boldsymbol{A}\boldsymbol{P}$ 是一个对角矩阵.

二、典型例题选讲

例 7.1　设 $\boldsymbol{A} = \begin{pmatrix} 2 & 1 & 1 \\ 1 & 2 & 1 \\ 1 & 1 & 2 \end{pmatrix}$，求一个正交矩阵 $\boldsymbol{P}$，使 $\boldsymbol{P}^{\mathrm{T}}\boldsymbol{A}\boldsymbol{P}$ 为对角阵.

解：第一步，先求出 $\boldsymbol{A}$ 的全部特征值：

$$f(\lambda) = |\lambda \boldsymbol{E} - \boldsymbol{A}| = \begin{vmatrix} \lambda - 2 & -1 & -1 \\ -1 & \lambda - 2 & -1 \\ -1 & -1 & \lambda - 2 \end{vmatrix} = (\lambda - 4)(\lambda - 1)^2$$

$\boldsymbol{A}$ 的特征值为 $\lambda_1 = 4$，$\lambda_2 = \lambda_3 = 1$.

第二步，当 $\lambda_1 = 4$ 时，解方程 $(4\boldsymbol{E} - \boldsymbol{A})\boldsymbol{X} = \boldsymbol{0}$，由

$$4\boldsymbol{E} - \boldsymbol{A} = \begin{pmatrix} 2 & -1 & -1 \\ -1 & 2 & -1 \\ -1 & -1 & 2 \end{pmatrix} \sim \begin{pmatrix} 1 & 1 & -2 \\ 0 & 1 & -1 \\ 0 & 0 & 0 \end{pmatrix}$$

得基础解系为：$\boldsymbol{\eta}_1 = \begin{pmatrix} 1 \\ 1 \\ 1 \end{pmatrix}$，单位特征向量 $\boldsymbol{\gamma}_1 = \begin{pmatrix} \frac{1}{\sqrt{3}} \\ \frac{1}{\sqrt{3}} \\ \frac{1}{\sqrt{3}} \end{pmatrix}$.

当 $\lambda_2 = \lambda_3 = 1$ 时，解方程组 $(\boldsymbol{E} - \boldsymbol{A})\boldsymbol{X} = \boldsymbol{0}$，由

$$\boldsymbol{E} - \boldsymbol{A} = \begin{pmatrix} -1 & -1 & -1 \\ -1 & -1 & -1 \\ -1 & -1 & -1 \end{pmatrix} \sim \begin{pmatrix} 1 & 1 & 1 \\ 0 & 0 & 0 \\ 0 & 0 & 0 \end{pmatrix}$$

得基础解系为：$\boldsymbol{\eta}_2 = \begin{pmatrix} 1 \\ -1 \\ 0 \end{pmatrix}$，$\boldsymbol{\eta}_3 = \begin{pmatrix} 1 \\ 0 \\ -1 \end{pmatrix}$.

再将属于同一个特征值的这两个特征向量正交规范化得：

$$\boldsymbol{\gamma}_2=\begin{pmatrix}\frac{1}{\sqrt{2}}\\-\frac{1}{\sqrt{2}}\\0\end{pmatrix},\ \boldsymbol{\gamma}_3=\begin{pmatrix}\frac{1}{\sqrt{6}}\\\frac{1}{\sqrt{6}}\\-\frac{2}{\sqrt{6}}\end{pmatrix}$$

第三步，以 $\boldsymbol{\gamma}_1$，$\boldsymbol{\gamma}_2$，$\boldsymbol{\gamma}_3$ 得到正交矩阵

$$\boldsymbol{P}=(\boldsymbol{\gamma}_1,\boldsymbol{\gamma}_2,\boldsymbol{\gamma}_3)=\begin{pmatrix}\frac{1}{\sqrt{3}}&\frac{1}{\sqrt{2}}&\frac{1}{\sqrt{6}}\\\frac{1}{\sqrt{3}}&-\frac{1}{\sqrt{2}}&\frac{1}{\sqrt{6}}\\\frac{1}{\sqrt{3}}&0&-\frac{2}{\sqrt{6}}\end{pmatrix},$$

有

$$\boldsymbol{P}^{-1}\boldsymbol{A}\boldsymbol{P}=\boldsymbol{P}^{\mathrm{T}}\boldsymbol{A}\boldsymbol{P}=\begin{pmatrix}4&&\\&1&\\&&1\end{pmatrix}$$

例 7.2 设 n 级方阵 $\boldsymbol{A}$，$\boldsymbol{B}$ 满足 $\boldsymbol{A}+\boldsymbol{B}\boldsymbol{A}=\boldsymbol{B}$，且 λ_1，λ_2，…，λ_n 是 $\boldsymbol{A}$ 的特征值. 试证明：

(1) $\lambda_i\neq 1(i=1,2,\cdots,n)$；

(2) 若 $\boldsymbol{A}$ 是实对称矩阵，则存在正交矩阵 $\boldsymbol{P}$，使得

$$\boldsymbol{P}^{-1}\boldsymbol{B}\boldsymbol{P}=\begin{pmatrix}\frac{\lambda_1}{1-\lambda_1}&&&\\&\frac{\lambda_2}{1-\lambda_2}&&\\&&\ddots&\\&&&\frac{\lambda_n}{1-\lambda_n}\end{pmatrix}.$$

证明：(1) 由方阵 $\boldsymbol{A}$，$\boldsymbol{B}$ 满足 $\boldsymbol{A}+\boldsymbol{B}\boldsymbol{A}=\boldsymbol{B}$，则 $\boldsymbol{E}_n=\boldsymbol{E}_n-\boldsymbol{A}+\boldsymbol{B}(\boldsymbol{E}_n-\boldsymbol{A})$，从而也有 $\boldsymbol{E}_n=(\boldsymbol{E}_n-\boldsymbol{A})(\boldsymbol{E}_n+\boldsymbol{B})$. 所以 $|\boldsymbol{E}_n-\boldsymbol{A}|\neq 0$，这表明 1 不是方阵 $\boldsymbol{A}$ 的特征值. 故 $\lambda_i\neq 1(i=1,\cdots,n)$.

(2) 设 $\boldsymbol{\eta}_i$ 为方阵 $\boldsymbol{A}$ 的属于特征值 λ_i 的特征向量 $(i=1,\cdots,n)$，由 $\boldsymbol{A}+\boldsymbol{B}\boldsymbol{A}=\boldsymbol{B}$，可得 $\boldsymbol{A}\boldsymbol{\eta}_i+\boldsymbol{B}\boldsymbol{A}\boldsymbol{\eta}_i=\boldsymbol{B}\boldsymbol{\eta}_i$，从而 $\lambda_i\boldsymbol{\eta}_i+\lambda_i\boldsymbol{B}\boldsymbol{\eta}_i=\boldsymbol{B}\boldsymbol{\eta}_i$，故 $\lambda_i\boldsymbol{\eta}_i=(1-\lambda_i)\boldsymbol{B}\boldsymbol{\eta}_i$，进一步有 $\boldsymbol{B}\boldsymbol{\eta}_i=\frac{\lambda_i}{1-\lambda_i}\boldsymbol{\eta}_i(i=1,\cdots,n)$，根据(1) 的结论知 $\lambda_i\neq 1(i=1,\cdots,n)$. 所以 $\frac{\lambda_1}{1-\lambda_1}$，$\frac{\lambda_2}{1-\lambda_2}$，…，$\frac{\lambda_n}{1-\lambda_n}$ 是矩阵 $\boldsymbol{B}$ 的 n 个特征值.

由方阵 $\boldsymbol{A}$，$\boldsymbol{B}$ 满足 $\boldsymbol{A}+\boldsymbol{B}\boldsymbol{A}=\boldsymbol{B}$，则 $\boldsymbol{B}=\boldsymbol{A}(\boldsymbol{E}_n-\boldsymbol{A})^{-1}$. 又 $\boldsymbol{A}$ 是实对称矩阵，则 $\boldsymbol{B}$ 是实矩阵，且

$B' = [A(E_n - A)^{-1}]' = (E_n - A)^{-1}A = (E_n + B)A = A + BA = B.$

则存在正交矩阵 P，使得

$$P^{-1}BP = \begin{pmatrix} \frac{\lambda_1}{1-\lambda_1} & & & \\ & \frac{\lambda_2}{1-\lambda_2} & & \\ & & \ddots & \\ & & & \frac{\lambda_n}{1-\lambda_n} \end{pmatrix}$$

成立.

例 7.3　设 V 是一个欧式空间，$\alpha \in V$ 是一个非零向量. 对于 $\forall \xi \in V$，规定

$$\tau(\xi) = \xi - 2\frac{(\xi, \alpha)}{(\alpha, \alpha)}\alpha.$$

试证明：τ 是 V 的一个正交变换，且 $\tau^2 = \iota$，ι 是单位变换.

证明：　不难验证 τ 是 V 的一个线性变换. 对于 $\forall \xi \in V$，有

$$\begin{aligned}(\tau(\xi), \tau(\xi)) &= \left(\xi - 2\frac{(\xi, \alpha)}{(\alpha, \alpha)}\alpha, \xi - 2\frac{(\xi, \alpha)}{(\alpha, \alpha)}\alpha\right) \\ &= (\xi, \xi) - 4\frac{(\xi, \alpha)^2}{(\alpha, \alpha)} + 4\frac{(\xi, \alpha)^2}{(\alpha, \alpha)^2}(\alpha, \alpha) = (\xi, \xi),\end{aligned}$$

所以 τ 是 V 的一个正交变换.

又 $\tau(\alpha) = \alpha - 2\frac{(\alpha, \alpha)}{(\alpha, \alpha)}\alpha = -\alpha$ 则

$$\begin{aligned}\tau^2(\xi) &= \tau\left(\xi - 2\frac{(\xi, \alpha)}{(\alpha, \alpha)}\alpha\right) = \tau(\xi) - 2\frac{(\xi, \alpha)}{(\alpha, \alpha)}\tau(\alpha) \\ &= \xi - 2\frac{(\xi, \alpha)}{(\alpha, \alpha)}\alpha + 2\frac{(\xi, \alpha)}{(\alpha, \alpha)}\alpha = \xi\end{aligned}$$

从而 $\tau^2 = \iota$.

例 7.4　设 σ 是实数域 $\mathbf{R}$ 上三维欧氏空间 V 上的一个线性变换，对 V 的一组基 α_1，α_2，α_3，有 $\sigma(\alpha_1) = 3\alpha_1 + 6\alpha_2 + 6\alpha_3$，$\sigma(\alpha_2) = 4\alpha_1 + 3\alpha_2 + 4\alpha_3$，$\sigma(\alpha_3) = -5\alpha_1 - 4\alpha_2 - 6\alpha_3$，设 $\rho = \sigma^3 - 5\sigma$，试求 ρ 的一个非平凡的不变子空间.

解： 由题意可知 σ 在基 α_1，α_2，α_3 下的矩阵为：$A = \begin{pmatrix} 3 & 4 & -5 \\ 6 & 3 & -4 \\ 6 & 4 & -6 \end{pmatrix}$，从而 σ 的特征多项式为：

$$h_\sigma(\lambda) = |\lambda E - A| = \begin{vmatrix} \lambda - 3 & -4 & 5 \\ -6 & \lambda - 3 & 4 \\ -6 & -4 & \lambda + 6 \end{vmatrix} = (\lambda - 3)(\lambda^2 + 3\lambda + 4).$$

所以 3 是 σ 的特征值，又 $\rho = \sigma^3 - 5\sigma$，故 $3^3 - 5 \cdot 3 = 12$ 是 ρ 的特征值.

对 σ 的特征值 3，解齐次线性方程组 $(A - 3E_3)x = \mathbf{0}$，可得到其相应的一个基础解系为：

$\boldsymbol{\xi}=(8, 15, 12)'$，于是$\boldsymbol{\beta}=8\boldsymbol{\alpha}_1+15\boldsymbol{\alpha}_2+12\boldsymbol{\alpha}_3$为线性变换$\sigma$的属于特征值3的线性无关特征向量，从而$\boldsymbol{\beta}=8\boldsymbol{\alpha}_1+15\boldsymbol{\alpha}_2+12\boldsymbol{\alpha}_3$为线性变换$\rho$的属于特征值12的线性无关特征向量，所以线性变换$\rho$的一个非平凡的不变子空间为：$V_{\lambda=12}=\{k\boldsymbol{\beta} \mid k\in\mathbf{R}\}$.

例 7.5 设σ，τ是n维欧氏空间V上的线性变换，且$\sigma\tau=\tau\sigma$，若存在V的一组基$\boldsymbol{\alpha}_1$，$\boldsymbol{\alpha}_2$，…，$\boldsymbol{\alpha}_n$，使得$\sigma(\boldsymbol{\alpha}_i)=i\boldsymbol{\alpha}_i(i=1, 2, \cdots, n)$. 试证明：

(1) 存在V的一组基，使得σ在该基下的矩阵为对角矩阵.

(2) 对于满足第一问V中的基，使得τ在该组基下的矩阵为对角矩阵.

证明：(1) 易知$\boldsymbol{\alpha}_1$，$\boldsymbol{\alpha}_2$，…，$\boldsymbol{\alpha}_n$为满足要求的一组基. 事实上，由$\sigma(\boldsymbol{\alpha}_i)=i\boldsymbol{\alpha}_i(i=1, 2, \cdots, n)$，有

$$\sigma(\boldsymbol{\alpha}_1, \boldsymbol{\alpha}_2, \cdots, \boldsymbol{\alpha}_n)=(\boldsymbol{\alpha}_1, \boldsymbol{\alpha}_2, \cdots, \boldsymbol{\alpha}_n)\begin{pmatrix}1 & & & \\ & 2 & & \\ & & \ddots & \\ & & & n\end{pmatrix},$$

所以σ在基$\boldsymbol{\alpha}_1$，$\boldsymbol{\alpha}_2$，…，$\boldsymbol{\alpha}_n$下的矩阵为对角矩阵

$$\boldsymbol{A}=\begin{pmatrix}1 & & & \\ & 2 & & \\ & & \ddots & \\ & & & n\end{pmatrix}.$$

(2) 设线性变换τ在基$\boldsymbol{\alpha}_1$，$\boldsymbol{\alpha}_2$，…，$\boldsymbol{\alpha}_n$下的矩阵为$\boldsymbol{B}$，由$\sigma\tau=\tau\sigma$，则$\boldsymbol{AB}=\boldsymbol{BA}$. 不妨记$\boldsymbol{B}=(b_{ij})_{n\times n}$，则由$\boldsymbol{AB}=\boldsymbol{BA}$有

$$\begin{pmatrix}1 & & & \\ & 2 & & \\ & & \ddots & \\ & & & n\end{pmatrix}\begin{pmatrix}b_{11} & b_{12} & \cdots & b_{1n} \\ b_{21} & b_{22} & \cdots & b_{2n} \\ \vdots & \vdots & & \vdots \\ b_{n1} & b_{n2} & \cdots & b_{nn}\end{pmatrix}=\begin{pmatrix}b_{11} & b_{12} & \cdots & b_{1n} \\ b_{21} & b_{22} & \cdots & b_{2n} \\ \vdots & \vdots & & \vdots \\ b_{n1} & b_{n2} & \cdots & b_{nn}\end{pmatrix}\begin{pmatrix}1 & & & \\ & 2 & & \\ & & \ddots & \\ & & & n\end{pmatrix},$$

从而有$ib_{ij}=jb_{ij}$，故$(i-j)b_{ij}=0$. 当$i\neq j$时$b_{ij}=0$，所以可得

$$\boldsymbol{B}=\begin{pmatrix}b_{11} & & & \\ & b_{22} & & \\ & & \ddots & \\ & & & b_{nn}\end{pmatrix}$$

为对角阵，即τ在基$\boldsymbol{\alpha}_1$，$\boldsymbol{\alpha}_2$，…，$\boldsymbol{\alpha}_n$下的矩阵为对角矩阵.

例 7.6 （湖南大学，2009年）设σ，τ是n维欧氏空间V上的线性变换，σ在V的一组标准正交基$\boldsymbol{\varepsilon}_1$，$\boldsymbol{\varepsilon}_2$，…，$\boldsymbol{\varepsilon}_n$下的矩阵为$\boldsymbol{A}$，且对$\forall\boldsymbol{\alpha}, \boldsymbol{\beta}\in V$，$(\sigma(\boldsymbol{\alpha}), \boldsymbol{\beta})=(\boldsymbol{\alpha}, \tau(\boldsymbol{\beta}))$. 证明：

(1) τ在标准正交基$\boldsymbol{\varepsilon}_1$，$\boldsymbol{\varepsilon}_2$，…，$\boldsymbol{\varepsilon}_n$下的矩阵为$\boldsymbol{A}^{\mathrm{T}}$；

(2) 若U为σ的不变子空间，则若$U^{\perp}$为τ的不变子空间；

(3) 若σ是可逆线性变换，则τ也是可逆线性变换.

证明：(1) 设矩阵$\boldsymbol{A}=(a_{ij})$，则

$$(\sigma(\boldsymbol{\varepsilon}_1), \sigma(\boldsymbol{\varepsilon}_2), \cdots, \sigma(\boldsymbol{\varepsilon}_n))=(\boldsymbol{\varepsilon}_1, \boldsymbol{\varepsilon}_2, \cdots, \boldsymbol{\varepsilon}_n)\boldsymbol{A}，以及$$

$$\sigma(\boldsymbol{\varepsilon}_i)=a_{1i}\boldsymbol{\varepsilon}_1+a_{2i}\boldsymbol{\varepsilon}_2+\cdots+a_{ni}\boldsymbol{\varepsilon}_n,\ a_{ij}=(\sigma(\boldsymbol{\varepsilon}_j), \boldsymbol{\varepsilon}_i).$$

设 τ 在标准正交基 $\boldsymbol{\varepsilon}_1, \boldsymbol{\varepsilon}_2, \cdots, \boldsymbol{\varepsilon}_n$ 下的矩阵为 $\boldsymbol{B}=(b_{ij})$，同样

$$b_{ij}=(\tau(\boldsymbol{\varepsilon}_j), \boldsymbol{\varepsilon}_i)$$

又$(\boldsymbol{\varepsilon}_i, \tau(\boldsymbol{\varepsilon}_j))=(\sigma(\boldsymbol{\varepsilon}_i), \boldsymbol{\varepsilon}_j)$，则 $b_{ij}=a_{ji}$，$\boldsymbol{B}=\boldsymbol{A}^{\mathrm{T}}$.

(2) $\forall \boldsymbol{\alpha} \in U^{\perp}$，$\forall \boldsymbol{\beta} \in U$，则

$$(\tau(\boldsymbol{\alpha}), \boldsymbol{\beta})=(\boldsymbol{\beta}, \tau(\boldsymbol{\alpha}))=(\sigma(\boldsymbol{\beta}), \boldsymbol{\alpha}).$$

又 U 为 σ 的不变子空间，$\sigma(\boldsymbol{\beta}) \in U$，故$(\sigma(\boldsymbol{\beta}), \boldsymbol{\alpha})=0$，从而$(\tau(\boldsymbol{\alpha}), \boldsymbol{\beta})=0$，所以 $U^{\perp}$ 为 τ 的不变子空间.

(3) 若 σ 是可逆线性变换，则 σ 在 V 的一组标准正交基 $\boldsymbol{\varepsilon}_1, \boldsymbol{\varepsilon}_2, \cdots, \boldsymbol{\varepsilon}_n$ 下的矩阵 $\boldsymbol{A}$ 是可逆矩阵；$\boldsymbol{A}$ 可逆，$\boldsymbol{A}^{\mathrm{T}}$ 可逆. 则 τ 在 V 的标准正交基 $\boldsymbol{\varepsilon}_1, \boldsymbol{\varepsilon}_2, \cdots, \boldsymbol{\varepsilon}_n$ 下的矩阵是可逆矩阵. 所以 τ 也是可逆线性变换.

例 7.7　已知 $R^{2\times 2}$ 上的一个线性变换为：

$$\sigma\begin{pmatrix} x_1 & x_2 \\ x_3 & x_4 \end{pmatrix}=\begin{pmatrix} x_2+x_3-x_4 & x_1-x_3+x_4 \\ x_1-x_2+x_4 & -x_1+x_2+x_3 \end{pmatrix}, \ \forall \begin{pmatrix} x_1 & x_2 \\ x_3 & x_4 \end{pmatrix} \in \mathbf{R}^{2\times 2}.$$

(1) 证明：σ 是对称线性变换；

(2) 求 $\mathbf{R}^{2\times 2}$ 的一组标准正交基，使线性变换 σ 在该基下的矩阵为对角矩阵.

解：(1) 取 $\boldsymbol{E}_{11}, \boldsymbol{E}_{12}, \boldsymbol{E}_{21}, \boldsymbol{E}_{22}$ 为 $\mathbf{R}^{2\times 2}$ 的一组标准正交基，则线性变换 σ 在该基下的矩阵为：

$$\boldsymbol{A}=\begin{pmatrix} 0 & 1 & 1 & -1 \\ 1 & 0 & -1 & 1 \\ 1 & -1 & 0 & 1 \\ -1 & 1 & 1 & 0 \end{pmatrix},$$

易知矩阵 $\boldsymbol{A}$ 为实对称矩阵，从而 σ 是对称线性变换.

(2) 由于 $|\lambda \boldsymbol{E}-\boldsymbol{A}|=(\lambda+3)(\lambda-1)^3$，则 $\boldsymbol{A}$ 的特征值为 $\lambda_1=-3$，$\lambda_2=\lambda_3=\lambda_4=1$. 与特征值 $\lambda_1=-3$ 对应的特征向量为 $\boldsymbol{\eta}_1=(1, -1, -1, 1)'$，单位化为：$\boldsymbol{\xi}_1=\left(\frac{1}{2}, -\frac{1}{2}, -\frac{1}{2}, \frac{1}{2}\right)'$.

与特征值 $\lambda_2=\lambda_3=\lambda_4=1$ 对应的特征向量为：

$$\boldsymbol{\eta}_2=(1, 1, 0, 0)', \boldsymbol{\eta}_3=(1, 0, 1, 0)', \boldsymbol{\eta}_4=(-1, 0, 0, 1)'.$$

把它们正交单位化可得：

$$\boldsymbol{\xi}_2=\left(\frac{1}{\sqrt{2}}, \frac{1}{\sqrt{2}}, 0, 0\right)', \boldsymbol{\xi}_3=\left(\frac{1}{\sqrt{6}}, -\frac{1}{\sqrt{6}}, \frac{2}{\sqrt{6}}, 0\right)', \boldsymbol{\xi}_4=\left(-\frac{1}{2\sqrt{3}}, \frac{1}{2\sqrt{3}}, \frac{1}{2\sqrt{3}}, \frac{3}{2\sqrt{3}}\right)'.$$

从而对应的正交矩阵为：

$$
\boldsymbol{Q}=\begin{pmatrix} \frac{1}{2} & \frac{1}{\sqrt{2}} & \frac{1}{\sqrt{6}} & -\frac{1}{2\sqrt{3}} \\ -\frac{1}{2} & \frac{1}{\sqrt{2}} & -\frac{1}{\sqrt{6}} & \frac{1}{2\sqrt{3}} \\ -\frac{1}{2} & 0 & \frac{2}{\sqrt{6}} & \frac{1}{2\sqrt{3}} \\ \frac{1}{2} & 0 & 0 & \frac{3}{2\sqrt{3}} \end{pmatrix},
$$

使得

$$
\boldsymbol{Q}^{-1}\boldsymbol{A}\boldsymbol{Q}=\boldsymbol{\Lambda}=\begin{pmatrix} -3 & & & \\ & 1 & & \\ & & 1 & \\ & & & 1 \end{pmatrix}.
$$

又由$(X_1, X_2, X_3, X_4)=(E_{11}, E_{12}, E_{21}, E_{22})Q$，可以求得标准正交基为：

$$
\boldsymbol{X}_1=\begin{pmatrix} \frac{1}{2} & \frac{1}{2} \\ 0 & 0 \end{pmatrix},\ \boldsymbol{X}_2=\begin{pmatrix} \frac{1}{\sqrt{2}} & \frac{1}{\sqrt{2}} \\ 0 & 0 \end{pmatrix},\ \boldsymbol{X}_3=\begin{pmatrix} \frac{1}{\sqrt{6}} & -\frac{1}{\sqrt{6}} \\ \frac{2}{\sqrt{6}} & 0 \end{pmatrix},\ \boldsymbol{X}_4=\begin{pmatrix} -\frac{1}{2\sqrt{3}} & \frac{1}{2\sqrt{3}} \\ \frac{1}{2\sqrt{3}} & \frac{3}{2\sqrt{3}} \end{pmatrix},
$$

线性变换 σ 在该基下的矩阵为对角矩阵 $\boldsymbol{\Lambda}$.

同步练习 7

1. $\boldsymbol{E}$ 为 n 阶单位矩阵，ϖ为 n 维单位列向量，记 $\boldsymbol{H}=\boldsymbol{E}-2\boldsymbol{\omega}\boldsymbol{\omega}^{\mathrm{T}}$，求 H 的特征值和行列式.
2. 若 $\boldsymbol{\varepsilon}_1, \boldsymbol{\varepsilon}_2, \cdots, \boldsymbol{\varepsilon}_n$ 是 n 维向量空间 V 的一组向量，则它们是 V 的一组标准正交基的充分必要条件是：$\forall \boldsymbol{\alpha}\in V$，$\boldsymbol{\alpha}=(\boldsymbol{\alpha}, \boldsymbol{\varepsilon}_1)\boldsymbol{\varepsilon}_1+(\boldsymbol{\alpha}, \boldsymbol{\varepsilon}_2)\boldsymbol{\varepsilon}_2+\cdots+(\boldsymbol{\alpha}, \boldsymbol{\varepsilon}_n)\boldsymbol{\varepsilon}_n$ 其中$(\boldsymbol{\alpha}, \boldsymbol{\varepsilon}_k)$ 表示$\boldsymbol{\alpha}$与 $\boldsymbol{\varepsilon}_k$ 的内积.
3. 设$\boldsymbol{A}\in\mathbf{R}^{m\times n}$ 是 $m\times n$ 阶矩阵，$\boldsymbol{b}\in\mathbf{R}^m$ 是 m 维实向量，证明：
   (1) 线性方程 $\boldsymbol{AX}=\boldsymbol{b}$ 有解的充要条件是 $\boldsymbol{b}$ 与线性齐次方程 $\boldsymbol{A}^{\mathrm{T}}\boldsymbol{X}=0$ 的解空间正交；
   (2) 若线性方程 $\boldsymbol{AX}=\boldsymbol{b}$ 无解，则存在 $\bar{x}\in\mathbf{R}^n$，$\forall \boldsymbol{x}\in\mathbf{R}^n$，有$\|\boldsymbol{A}\bar{\boldsymbol{x}}-\boldsymbol{b}\|\leqslant\|\boldsymbol{Ax}-\boldsymbol{b}\|$，其中 $\|\boldsymbol{x}\|=\sqrt{(\boldsymbol{x}, \boldsymbol{x})}$，(,) 为 $\mathbf{R}^n$ 中的内积.
4. 设 V 为 n 维欧氏空间，V_1，V_2 为 V 的子空间，且 $\dim(V_1)<\dim(V_2)$，证明：V_2 中存在一个非零向量 $\boldsymbol{\eta}$，使得 $\forall\boldsymbol{\alpha}\in V_1$，有$(\boldsymbol{\alpha}, \boldsymbol{\eta})=0$.
5. 若 $\boldsymbol{\alpha}_1, \boldsymbol{\alpha}_2, \cdots, \boldsymbol{\alpha}_k$ 是欧式空间 V 的一组两两正交的单位向量，$\boldsymbol{\alpha}$ 是 V 的任意一个向量，证明贝塞尔不等式：$\sum_{i=1}^{k}(\boldsymbol{\alpha}, \boldsymbol{\alpha}_i)^2\leqslant|\boldsymbol{\alpha}|^2$，并且向量$\boldsymbol{\beta}=\boldsymbol{\alpha}-\sum_{i=1}^{k}(\boldsymbol{\alpha}, \boldsymbol{\alpha}_i)\boldsymbol{\alpha}$ 与每一个 $\boldsymbol{\alpha}_i$ 正交.
6. (湖南大学，2007 年) 设 $\boldsymbol{\eta}$ 是 n 维欧式空间 V 中的一个单位向量，定义线性变换：
$$\boldsymbol{A}(\boldsymbol{\alpha})=2(\boldsymbol{\eta}, \boldsymbol{\alpha})\boldsymbol{\eta}-\boldsymbol{\alpha},\ \forall\boldsymbol{\alpha}\in V.$$

证明：(1)$\boldsymbol{A}$ 是正交变换；

(2) 若 n 为奇数, 则 $\boldsymbol{A}$ 是第一类的; 若 n 为偶数, 则 $\boldsymbol{A}$ 是第二类的;

(3) $W=\{\boldsymbol{\beta}\in V \mid \boldsymbol{A\beta}=\boldsymbol{\beta}\}$ 是 V 的一维子空间.

7. (湖南大学, 2008 年) 欧氏空间 V 中的线性变换 $\boldsymbol{A}$ 称为反对称的, 若对 V 中任意向量 $\boldsymbol{\alpha}$, $\boldsymbol{\beta}$ 都有 $(\boldsymbol{A\alpha}, \boldsymbol{\beta})=-(\boldsymbol{\alpha}, \boldsymbol{A\beta})$. 试证明:

(1) 对有限维欧氏空间 V 来说, 线性变换 $\boldsymbol{A}$ 为反对称的充分且必要的条件是, $\boldsymbol{A}$ 在标准正交基下的矩阵为反对称矩阵;

(2) 如果 $V_1\subset V$ 是反对称变换的不变子空间, 则 $V_1^{\perp}$ 也是.

8. (湖南大学, 2015 年) 设 $\boldsymbol{A}$ 为 n 阶实矩阵, 且 $|\boldsymbol{A}|\neq 0$, 证明 $\boldsymbol{A}$ 可分解成一正交矩阵 Q 与一上三角矩阵 R 的乘积, 即 $\boldsymbol{A}=QR$.

9. (湖南大学, 2015 年) 求正交矩阵 $\boldsymbol{Q}$, 使得 $\boldsymbol{Q}^{\mathrm{T}}\boldsymbol{AQ}$ 为对角矩阵, 并写出此对角矩阵, 其中

$$\boldsymbol{A}=\begin{pmatrix}2&1&0&0\\1&2&0&0\\0&0&0&1\\0&0&1&0\end{pmatrix}.$$

10. (湖南大学, 2017 年) 设 $(\cdot,\cdot)$ 为维 n 欧式空间 V 中的内积, 对 V 中任意一个单位向量 η, 定义 V 上的线性变换

$$\boldsymbol{A}_{\eta}(\boldsymbol{\alpha})=\boldsymbol{\alpha}-2(\boldsymbol{\eta}, \boldsymbol{\alpha})\boldsymbol{\eta},$$

证明:

(1) $\boldsymbol{A}_{\eta}$ 是正交变换;

(2) $\boldsymbol{A}_{\eta}^2=\boldsymbol{id}_V$, 这里 id_V 表示 V 上的单位变换;

(3) 设 $\boldsymbol{\alpha}$, $\boldsymbol{\beta}$ 是 V 中两个不同的单位向量, 这存在 V 中一个由单位向量 $\boldsymbol{\eta}$ 决定的正交变换 $\boldsymbol{A}_{\boldsymbol{\eta}}$, 使得 $\boldsymbol{A}_{\boldsymbol{\eta}}(\boldsymbol{\alpha})=\boldsymbol{\beta}$.

11. (中南大学, 2013 年) 设 M 是 n 维欧式空间 V 的一个子空间, $(\cdot,\cdot)$ 是 V 的内积. $\forall\boldsymbol{\alpha}\in V$, $|\boldsymbol{\alpha}|=\sqrt{(\boldsymbol{\alpha}, \boldsymbol{\alpha})}$. 证明: $\forall\boldsymbol{\beta}\in V$, 存在唯一 $\boldsymbol{\gamma}_0\in M$, 使得

$$|\boldsymbol{\beta}-\boldsymbol{\gamma}_0|=\min_{\gamma\in M}|\boldsymbol{\beta}-\boldsymbol{\gamma}|.$$

12. (中南大学, 2014 年) 设 $\boldsymbol{\alpha}_1, \boldsymbol{\alpha}_2, \cdots, \boldsymbol{\alpha}_m$ 与 $\boldsymbol{\beta}_1, \boldsymbol{\beta}_2, \cdots, \boldsymbol{\beta}_m$ 是 m 维欧式空间 V 中的两组向量, $(\cdot,\cdot)$ 是 V 的内积. 证明: 存在正交变换 ℓ, 使得 $\ell\boldsymbol{\alpha}_i=\boldsymbol{\beta}_i$, $i=1, 2, \cdots, m$ 成立的充分必要条件是: $(\boldsymbol{\alpha}_i, \boldsymbol{\alpha}_j)=(\boldsymbol{\beta}_i, \boldsymbol{\beta}_j)$, $i, j=1, 2, \cdots, m$.

13. (中南大学, 2016 年) 设 $\boldsymbol{A}$ 为 3 阶正交矩阵, 且 $|\boldsymbol{A}|=1$. 证明:

(1) $\boldsymbol{A}$ 的每个特征值的模都为 1.

(2) $\boldsymbol{A}$ 的特征多项式为 $\lambda^3-a\lambda^2+a\lambda-1$, 其中 a 为实数, 且 $1\leqslant a\leqslant 3$.

14. (中南大学, 2016 年) 设 ℓ 为复数域上 n 维线性空间 V 的一个线性变换, 且 $\mathrm{tr}(\ell^k)=0$ $(k=0, 1, 2, \cdots, n)$. 证明: ℓ 是幂零变换.

15. (中南大学, 2016 年) 设 V 是 n 维欧式空间, $\eta_1, \eta_2, \cdots, \eta_n$ 是 V 的一组标准正交基, $(*, *)$ 是 V 的内积. 对于给定的非零实数 k 和非零向量 $\boldsymbol{\zeta}\in V$, 定义 V 上的线性变换 ℓ 为

$$\ell(\boldsymbol{\alpha})=\boldsymbol{\alpha}+k(\boldsymbol{\alpha}, \boldsymbol{\zeta})\boldsymbol{\zeta}, \quad (\forall\boldsymbol{\alpha}\in V)$$

(1) 求 ℓ 在基 $\boldsymbol{\eta}_1, \boldsymbol{\eta}_2, \cdots, \boldsymbol{\eta}_n$ 下的矩阵 $\boldsymbol{A}$.

(2) 求 $\boldsymbol{A}$ 的行列式值.

(3) 证明：ℓ 是正交变换的充分必要条件是：$k=-\dfrac{2}{(\zeta,\zeta)}$.

16. (中南大学, 2017 年) 设 $\boldsymbol{A}, \boldsymbol{B} \in \mathbf{R}^{2\times 2}$, 若 $\boldsymbol{A}=\begin{pmatrix} a_1 & a_2 \\ a_3 & a_4 \end{pmatrix}$, $\boldsymbol{B}=\begin{pmatrix} b_1 & b_2 \\ b_3 & b_4 \end{pmatrix}$, 定义：

$$(\boldsymbol{A}, \boldsymbol{B}) = a_1b_1 + a_2b_2 + a_3b_3 + a_4b_4.$$

(1) 证明$(\boldsymbol{A}, \boldsymbol{B})$ 为 $\mathbf{R}^{2\times 2}$ 的一个内积.

(2) 在以上内积下, 求基

$\boldsymbol{A}_1=\begin{pmatrix} 1 & 0 \\ -1 & 0 \end{pmatrix}$, $\boldsymbol{A}_2=\begin{pmatrix} 1 & 1 \\ 0 & 0 \end{pmatrix}$, $\boldsymbol{A}_3=\begin{pmatrix} 0 & -1 \\ 0 & 1 \end{pmatrix}$, $\boldsymbol{A}_4=\begin{pmatrix} 0 & 0 \\ 1 & 1 \end{pmatrix}$的度量矩阵.

(3) 将(2) 中的基化为一组标准正交基.

17. (湖南师范大学, 2010 年) 设 V 是一个 n 维欧氏空间, $\boldsymbol{\varepsilon}_1, \boldsymbol{\varepsilon}_2, \cdots, \boldsymbol{\varepsilon}_n$ 是 V 的自然基, 即 $\boldsymbol{\varepsilon}_1 = (0, \cdots, 0, 1, 0, \cdots, 0)'$(第 i 个分量为 1, 其余分量为 0), 向量 $\boldsymbol{\xi}=(1, 2, \cdots, n)'$ 和 $\boldsymbol{\eta}=(1, 1, \cdots, 1)'$, 且 $\boldsymbol{A}$ 是一个由 η 决定的镜面反射, 即

$$\boldsymbol{A}(\boldsymbol{\alpha}) = \boldsymbol{\alpha} - \frac{2(\boldsymbol{\alpha}, \boldsymbol{\eta})}{(\boldsymbol{\eta}, \boldsymbol{\eta})}\boldsymbol{\eta},\ \forall \boldsymbol{\alpha} \in V.$$

写出 $\boldsymbol{A}$ 在此基 $\boldsymbol{\varepsilon}_1, \boldsymbol{\varepsilon}_2, \cdots, \boldsymbol{\varepsilon}_n$ 下的矩阵, 并求出向量 $\boldsymbol{\xi}$ 在 $\boldsymbol{A}$ 下的像 $\boldsymbol{A\xi}$.

18. (湖南师范大学, 2010 年) 证明：(1) 设 $\boldsymbol{A}$ 为 $n\times n$ 矩阵, 满足 $\boldsymbol{A}^2=\boldsymbol{E}$. 证明：

$$\operatorname{rank}(\boldsymbol{A}+\boldsymbol{E}) + \operatorname{rank}(\boldsymbol{A}-\boldsymbol{E}) = n.$$

(2) 设 V_1 是有限维欧氏空间 V 的子空间, $V_1^{\perp}$ 是 V_1 的正交补, 即 $V=V_1\oplus V_1^{\perp}$, 定义 V 到 V_1 的投影变换 ℓ 如下：

$$\forall \boldsymbol{x}=\boldsymbol{x}_1+\boldsymbol{x}_2 \in V,\ \boldsymbol{x}_1 \in V_1,\ \boldsymbol{x}_2 \in V_1^{\perp},\ \ell(\boldsymbol{x})=\boldsymbol{x}.$$

证明：(ⅰ) ℓ 是 V 上的线性变换；(ⅱ) ℓ 是对称变换且 $\ell^2=\ell$.

19. (湖南师范大学, 2012 年) 设 $\boldsymbol{\alpha}_1, \boldsymbol{\alpha}_2, \boldsymbol{\alpha}_3$ 是三维欧氏空间 V 的一组基, 其度量矩阵为

$$\boldsymbol{A}=\begin{pmatrix} 1 & -1 & 2 \\ -1 & 2 & -1 \\ 2 & -1 & 6 \end{pmatrix}.$$

(1) 求 $\boldsymbol{\beta}=\boldsymbol{\alpha}_1+\boldsymbol{\alpha}_2$ 的长度；

(2) 求参数 λ 的值, 使得 $\boldsymbol{\gamma}=\boldsymbol{\alpha}_1+\boldsymbol{\alpha}_2+\lambda\boldsymbol{\alpha}_3$ 与 $\boldsymbol{\beta}$ 正交.

20. (湖南师范大学, 2014 年) 设 3 阶实对称矩阵 $\boldsymbol{A}$ 的特征值为：$\lambda_1=-1$, $\lambda_2=\lambda_3=1$, 且 λ_1 对应的特征向量为 $\boldsymbol{\alpha}_1=(0, 1, 1)'$, 试计算：

(1) 求矩阵 $\boldsymbol{A}$ 的对应域的特征值 1 的特征向量；

(2) 求矩阵 $\boldsymbol{A}$；

(3) 求正交矩阵 $\boldsymbol{T}$, 使得 $\boldsymbol{T'AT}$ 为对角矩阵.

22. (湖南师范大学, 2014 年) 设 $\boldsymbol{A}$ 是 n 维线性空间的线性变换, 则下列条件等价；

(1)$\boldsymbol{A}^2=F$(恒等变换)

(2)$\boldsymbol{A}$ 的特征值为 ± 1, 且 $V=V_1\oplus V_{-1}$, 其中 V_1, V_{-1} 分别为特征值 1, -1 的特征子空间；

(3)V 中有一组基, 使 $\boldsymbol{A}$ 在该基下的矩阵为 $\Lambda=\begin{pmatrix} I_r & 0 \\ 0 & -I_{n-r} \end{pmatrix}$.

23. (湖南师范大学, 2016 年) 设 V 是 n 维欧氏空间($n \geqslant 3$), $\boldsymbol{\alpha}$ 是 V 中的一个非零向量, $\boldsymbol{A}(\boldsymbol{\alpha})$ 是一个由 $\boldsymbol{\alpha}$ 决定的镜面反射, 即

$$\boldsymbol{A}(\boldsymbol{\alpha}): V \to V,\ \boldsymbol{A}(\boldsymbol{\eta}) = \boldsymbol{\eta} - \frac{2(\boldsymbol{\eta}, \boldsymbol{\alpha})}{(\boldsymbol{\alpha}, \boldsymbol{\alpha})}\boldsymbol{\alpha}$$

证明: (1)$\boldsymbol{A}$ 是正交变换;

(2)$\boldsymbol{A}$ 的特征值是 -1 与 1($n-1$ 重);

(3) 若 $\boldsymbol{\alpha}_1, \boldsymbol{\alpha}_2, \cdots, \boldsymbol{\alpha}_n$ 是 V 的标准正交基, 则 $\boldsymbol{A}(\boldsymbol{\alpha}_1) + \boldsymbol{A}(\boldsymbol{\alpha}_2) + \cdots + \boldsymbol{A}(\boldsymbol{\alpha}_n)$ 是 V 上的数乘变换.

24. (湖南师范大学, 2019 年) 设 $\boldsymbol{\varepsilon}_1, \cdots, \boldsymbol{\varepsilon}_n$ 是 n 维欧氏空间 V 的一组向量, 证明: 这组向量是 V 的标准正交基的充分必要条件是 $\forall \boldsymbol{\alpha} \in V$, 有

$$\boldsymbol{\alpha} = (\boldsymbol{\alpha}, \boldsymbol{\varepsilon}_1)\boldsymbol{\varepsilon}_1 + (\boldsymbol{\alpha}, \boldsymbol{\varepsilon}_2)\boldsymbol{\varepsilon}_2 + \cdots + (\boldsymbol{\alpha}, \boldsymbol{\varepsilon}_n)\boldsymbol{\varepsilon}_n,$$

其中$(\boldsymbol{\alpha}, \boldsymbol{\varepsilon}_k)$ 表示 $\boldsymbol{\alpha}$ 与 $\boldsymbol{\varepsilon}_k$ 的内积.

第 8 章　二次型

二次型在不少学科有着重要的应用，本章利用矩阵讨论二次型的一些基本结论及其应用.

一、基本概念与重要结论

1. 二次型定义及矩阵表示

设 P 是一个数域，一个系数在数域 P 中的关于文字 $x_1, \cdots, x_n$ 的二次齐次多项式

$$f(x_1, x_2, \cdots, x_n) = a_{11}x_1^2 + 2a_{12}x_1x_2 + \cdots + 2a_{1n}x_1x_n + a_{22}x_2^2 + \cdots + 2a_{2n}x_2x_n + \cdots + a_{nn}x_n^2 \tag{8.1}$$

称为数域 P 上的一个 n **元二次型**，简称二次型，$f(x_1, x_2, \cdots, x_n)$ 简记为 f. 若 P 是一个复数域，称式(8.1) 为**复二次型**；若 P 是一个实数域，称式(8.1) 为**实二次型**.

记 $f(x_1, x_2, \cdots, x_n) = \boldsymbol{X'AX}$，其中 $X = (x_1, x_2, \cdots, x_n)$，$X'$(或 X^{T}) 为 X 的转置.

$$\boldsymbol{A} = \begin{pmatrix} a_{11} & a_{12} & \cdots & a_{1n} \\ a_{21} & a_{22} & \cdots & a_{2n} \\ \vdots & \vdots & & \vdots \\ a_{n1} & a_{n2} & \cdots & a_{nn} \end{pmatrix}$$

由于 $a_{ij} = a_{ji}$，$i < j$，矩阵 $\boldsymbol{A}$ 称为二次型(8.1) 的矩阵.

设 $x_1, \cdots, x_n$；$y_1, \cdots, y_n$ 是两组文字，系数在数域 P 中的一组关系式

$$\begin{cases} x_1 = c_{11}y_1 + c_{12}y_2 + \cdots + c_{1n}y_n \\ x_2 = c_{21}y_1 + c_{22}y_2 + \cdots + c_{2n}y_n \\ \qquad \vdots \\ x_n = c_{n1}y_1 + c_{n2}y_2 + \cdots + c_{nn}y_n \end{cases} \tag{8.2}$$

称为由 $x_1, \cdots, x_n$ 到 $y_1, \cdots, y_n$ 的一个**线性替换**，或简称线性替换. 如果系数行列式

$$|\boldsymbol{C}| = \begin{vmatrix} c_{11} & c_{12} & \cdots & c_{1n} \\ c_{21} & c_{22} & \cdots & c_{2n} \\ \vdots & \vdots & & \vdots \\ c_{n1} & c_{n2} & \cdots & c_{nn} \end{vmatrix} \neq 0$$

那么线性替换(8.2) 就称为**非退化**的.

线性替换把二次型变成二次型.

令 $\boldsymbol{Y}=\begin{pmatrix} y_1 \\ y_2 \\ \vdots \\ y_n \end{pmatrix}$，于是线性替换(8.2) 可以写成

$$\begin{pmatrix} x_1 \\ x_2 \\ \vdots \\ x_n \end{pmatrix}=\begin{pmatrix} c_{11} & c_{12} & \cdots & c_{1n} \\ c_{21} & c_{22} & \cdots & c_{2n} \\ \vdots & \vdots & & \vdots \\ c_{n1} & c_{n2} & \cdots & c_{nn} \end{pmatrix}\begin{pmatrix} y_1 \\ y_2 \\ \vdots \\ y_n \end{pmatrix}$$

或者 $\boldsymbol{X}=\boldsymbol{CY}$.

$$f(x_1, x_2, \cdots, x_n)=\boldsymbol{X'AX},\ \boldsymbol{A}=\boldsymbol{A'}$$

是一个二次型，作非退化线性替换 $\boldsymbol{X}=\boldsymbol{CY}$，得到一个 $y_1, y_2, \cdots, y_n$ 的二次型 $\boldsymbol{Y'BY}$，其中 $\boldsymbol{B}=\boldsymbol{C}^{\mathrm{T}}\boldsymbol{AC}$.

数域 P 上两个 n 阶矩阵 $\boldsymbol{A}$，$\boldsymbol{B}$ 称为**合同的**，如果有数域 P 上可逆的 $n\times n$ 矩阵 $\boldsymbol{C}$，使得 $\boldsymbol{B}=\boldsymbol{C}^{\mathrm{T}}\boldsymbol{AC}$. **合同关系是一个等价关系**.

二次型中最简单的一种是只包含平方项的二次型

$$d_1x_1^2+d_2x_2^2+\cdots+d_nx_n^2. \tag{8.3}$$

二次型 $f(x_1, x_2, \cdots, x_n)$ 经过非退化线性替换所变成的平方和称为 $f(x_1, x_2, \cdots, x_n)$ 的**标准形**.

数域 P 上任意一个二次型都可以经过非退化线性替换变成平方和(8.3) 的形式.

在数域 P 上，**任意一个对称矩阵都合同于一对角矩阵**.

经过非退化线性替换，复数域上的二次型都可化为：

$$z_1^2+z_2^2+\cdots+z_r^2 \tag{8.4}$$

称(8.4) 为复二次型 $f(x_1, x_2, \cdots, x_n)$ 的**规范形**. 两个复数对称矩阵合同的充要条件是它们的秩相等.

经过非退化线性替换，实系数的二次型都可化为：

$$z_1^2+z_2^2+\cdots+z_p^2-z_{p+1}^2-\cdots-z_r^2,$$

称为实二次型 $f(x_1, x_2, \cdots, x_n)$ 的规范形.

惯性定理：任意一个实数域上的二次型，经过一适当的非退化线性替换可以变成规范形，且规范形是唯一的.

在实二次型 $f(x_1, x_2, \cdots, x_n)$ 的规范形中，正平方项的个数 p 称为 $f(x_1, x_2, \cdots, x_n)$ 的**正惯性指数**；负平方项的个数 $r-p$ 称为 $f(x_1, x_2, \cdots, x_n)$ 的**负惯性指数**；它们的差 $p-(r-p)=2p-r$ 称为 $f(x_1, x_2, \cdots, x_n)$ 的**符号差**.

2. 正、负定二次型

实二次型 $f(x_1, x_2, \cdots, x_n)$ 称为**正定的**，如果对于任意一组不全为零的实数 $c_1, c_2, \cdots, c_n$ 都有 $f(c_1, c_2, \cdots, c_n)>0$.

实二次型

$$f(x_1, x_2, \cdots, x_n)=d_1x_1^2+d_2x_2^2+\cdots+d_nx_n^2$$

是正定的当且仅当 $d_i > 0$, $i = 1, 2, \cdots, n$.

实数域上二次型 $f(x_1, x_2, \cdots, x_n)$ 是正定的充分必要条件是它的正惯性指数等于 n.

实对称矩阵 $\boldsymbol{A}$ 称为正定的，如果二次型 $\boldsymbol{X}'\boldsymbol{A}\boldsymbol{X}$ 正定.

正定矩阵的行列式大于零.

子式

$$\boldsymbol{P} = \begin{vmatrix} a_{11} & a_{12} & \cdots & a_{1i} \\ a_{21} & a_{22} & \cdots & a_{2i} \\ \vdots & \vdots & & \vdots \\ a_{i1} & a_{i2} & \cdots & a_{ii} \end{vmatrix}, \ i = 1, 2, \cdots, n$$

称为矩阵 $\boldsymbol{A} = (a_{ij})_{nn}$ 的**顺序主子式**.

实二次型 $f(x_1, x_2, \cdots, x_n) = \sum_{i=1}^{n}\sum_{j=1}^{n} a_{ij}x_ix_j = \boldsymbol{X}'\boldsymbol{A}\boldsymbol{X}$ 是正定的 $\Leftrightarrow$ 矩阵 $\boldsymbol{A}$ 的顺序主子式全大于零.

实二次型 $f(x_1, x_2, \cdots, x_n) = \sum_{i=1}^{n}\sum_{j=1}^{n} a_{ij}x_ix_j = \boldsymbol{X}'\boldsymbol{A}\boldsymbol{X}$ 是正定的 $\Leftrightarrow$ 矩阵 $\boldsymbol{A}$ 的主子式(取相同行列)全大于零.

设 $f(x_1, x_2, \cdots, x_n)$ 是一实二次型，如果对于任意一组不全为零的实数 $c_1, c_2, \cdots, c_n$ 都有 $f(c_1, c_2, \cdots, c_n) < 0$，那么 $f(x_1, x_2, \cdots, x_n)$ 称为**负定**的；如果都有 $f(c_1, c_2, \cdots, c_n) \geqslant 0$，那么 $f(x_1, x_2, \cdots, x_n)$ 称为**半正定**的；如果都有 $f(c_1, c_2, \cdots, c_n) \leqslant 0$，那么 $f(x_1, x_2, \cdots, x_n)$ 称为**半负定**的；如果它既不是半正定又不是半负定，那么 $f(x_1, x_2, \cdots, x_n)$ 就称为**不定**的.

不难看出负定二次型的判别条件. 这是因为当 $f(x_1, x_2, \cdots, x_n)$ 是负定时，$-f(x_1, x_2, \cdots, x_n)$ 就是正定的.

对于实二次型 $f(x_1, x_2, \cdots, x_n) = \boldsymbol{X}'\boldsymbol{A}\boldsymbol{X}$，其中 $\boldsymbol{A}$ 是实对称的，下列条件等价：

(1) $f(x_1, x_2, \cdots, x_n)$ 是半正定的；

(2) 它的正惯性指数与秩相等；

(3) 有可逆实矩阵 $\boldsymbol{C}$，使

$$\boldsymbol{C}'\boldsymbol{A}\boldsymbol{C} = \begin{pmatrix} d_1 & & & \\ & d_2 & & \\ & & \ddots & \\ & & & d_n \end{pmatrix}$$

其中 $d_i \geqslant 0$, $i = 1, 2, \cdots, n$；

(4) 有实矩阵 $\boldsymbol{C}$ 使 $\boldsymbol{A} = \boldsymbol{C}'\boldsymbol{C}$.

(5) $\boldsymbol{A}$ 的所有主子式皆大于或等于零；

特别地：

(6) $\boldsymbol{A}$ 的所有顺序主子式皆大于或等于零；

(7) $\boldsymbol{A}$ 的特征值非负.

注： ① 设 $\boldsymbol{A}$ 为 n 级实矩阵，且 $|\boldsymbol{A}| \neq 0$, ，则 $\boldsymbol{A}'\boldsymbol{A}$, $\boldsymbol{A}\boldsymbol{A}'$ 都是正定矩阵.

② 设 $\boldsymbol{A}$ 为 $n \times m$ 实矩阵，则 $\boldsymbol{A}'\boldsymbol{A}$, $\boldsymbol{A}\boldsymbol{A}'$ 都是半正定矩阵.

由于$A'A$是实对称矩阵，则 $\forall X \in \mathbf{R}^n$，令$U=AX$，其中$U$是$m$维实向量$U=(u_1, u_2, \cdots, u_m)'$. 因为：

$X'(A'A)X=(X'A')(AX)=U'U=u_1^2+u_2^2+\cdots+u_m^2 \geqslant 0$,

所以$A'A$是半正定矩阵，同理可证AA'是半正定矩阵.

③ 设A是n级正定矩阵，则$k>0$时，A^{-1}，kA，A^*，A^m都是正定矩阵.

由于A正定，存在可逆矩阵C，使$C'AC=E$，则$C^{-1}A^{-1}(C')^{-1}=E$，从而A^{-1}为正定矩阵. 对任意非零的$X \in \mathbf{R}^n$，$X'AX>0$，从而$X'(kA)X>0$，$(k>0)$，所以kA正定.

又A正定，$|A|>0$，A^{-1}正定，$A^*=|A|A^{-1}$正定.　同时$|A^k|=|A|^k\neq 0$，A^k对称. 另一方面，当$m=2k$时，$A^m=A^{2k}=(A^k)'EA^k$，从而A^m正定. 当$m=2k+1$时，$A^m=A^{2k+1}=(A^k)'A(A^k)$，所以$A^m$与$A$合同，因而$A^m$正定.

二、典型例题选讲

例 8.1　把下列二次型化为标准形，再判断它的正定性：

$$f(x, y, z)=x^2+2y^2+6z^2-2xy+2xz-4yz$$

解：方法一(**配方法**)：

$$\begin{aligned} f(x, y, z) &= x^2+2y^2+6z^2-2xy+2xz-4yz \\ &= (x^2-2(xy-xz))+2y^2+6z^2-4yz \\ &= (x-y+z)^2+y^2+5z^2-2yz \\ &= (x-y+z)^2+(y-z)^2+4z^2 \\ &= x_1^2+y_1^2+4z_1^2 \end{aligned}$$

原二次型正定.

方法二(**初等变换法**)：

$$f(x, y, z)=x^2+2y^2+6z^2-2xy+2xz-4yz$$

的矩阵$A=\begin{pmatrix} 1 & -1 & 1 \\ -1 & 2 & -2 \\ 1 & -2 & 6 \end{pmatrix}$，则

$$\begin{pmatrix} A \\ E \end{pmatrix}=\begin{pmatrix} 1 & -1 & 1 \\ -1 & 2 & -2 \\ 1 & -2 & 6 \\ 1 & 0 & 0 \\ 0 & 1 & 0 \\ 0 & 0 & 1 \end{pmatrix} \to \begin{pmatrix} 1 & 0 & 1 \\ -1 & 1 & -2 \\ 1 & -1 & 6 \\ 1 & 1 & 0 \\ 0 & 1 & 0 \\ 0 & 0 & 1 \end{pmatrix} \to \begin{pmatrix} 1 & 0 & 1 \\ 0 & 1 & -1 \\ 1 & -1 & 6 \\ 1 & 1 & 0 \\ 0 & 1 & 0 \\ 0 & 0 & 1 \end{pmatrix} \to \begin{pmatrix} 1 & 0 & 0 \\ 0 & 1 & 0 \\ 0 & 0 & 4 \\ 1 & 1 & 0 \\ 0 & 1 & 1 \\ 0 & 0 & 1 \end{pmatrix}$$

所以二次型的标准形为：$x_1^2+y_1^2+4z_1^2$，则原二次型正定.

例 8.2　设$A=(a_{ij})$为n阶实对称正定矩阵，证明：

$$\det A \leqslant a_{11}a_{22}\cdots a_{nn}$$

当且仅当A为对角矩阵时，等号成立.

证明：$k=1$时，$\det A=a_{11} \leqslant a_{11}$

若$k=n-1$时，命题成立；则

$$设 \boldsymbol{A}=\begin{pmatrix} a_{11} & \cdots & a_{1n-1} & a_{1n} \\ \vdots & \vdots & & \vdots \\ a_{n-11} & \cdots & a_{n-1n-1} & a_{n-1n} \\ a_{n1} & \cdots & a_{nn-1} & a_{nn} \end{pmatrix}=\begin{pmatrix} \boldsymbol{A}_{n-1} & \boldsymbol{\beta} \\ \boldsymbol{\beta}^{\mathrm{T}} & a_{nn} \end{pmatrix},$$

$$\boldsymbol{A}_{n-1}=\begin{pmatrix} a_{11} & a_{12} & \cdots & a_{1n-1} \\ a_{21} & a_{22} & \cdots & a_{2n-1} \\ \vdots & \vdots & & \vdots \\ a_{n-11} & a_{n-12} & \cdots & a_{n-1n-1} \end{pmatrix},\ \boldsymbol{\beta}=\begin{pmatrix} a_{1n} \\ a_{2n} \\ \vdots \\ a_{n-1n} \end{pmatrix}$$

那么

$$\begin{pmatrix} \boldsymbol{E}_{n-1} & \boldsymbol{0} \\ -\boldsymbol{\beta}^{\mathrm{T}}\boldsymbol{A}_{n-1}^{-1} & 1 \end{pmatrix}\begin{pmatrix} \boldsymbol{A}_{n-1} & \boldsymbol{\beta} \\ \boldsymbol{\beta}^{\mathrm{T}} & a_{nn} \end{pmatrix}\begin{pmatrix} \boldsymbol{E}_{n-1} & -\boldsymbol{A}_{n-1}^{-1}\boldsymbol{\beta} \\ \boldsymbol{0} & 1 \end{pmatrix}=\begin{pmatrix} \boldsymbol{A}_{n-1} & \boldsymbol{0} \\ \boldsymbol{0} & c \end{pmatrix},\ c=a_{nn}-\boldsymbol{\beta}^{\mathrm{T}}\boldsymbol{A}_{n-1}^{-1}\boldsymbol{\beta};$$

$$\begin{pmatrix} \boldsymbol{E}_{n-1} & \boldsymbol{0} \\ -\boldsymbol{\beta}^{\mathrm{T}}\boldsymbol{A}_{n-1}^{-1} & 1 \end{pmatrix}^{\mathrm{T}}=\begin{pmatrix} \boldsymbol{E}_{n-1} & -\boldsymbol{A}_{n-1}^{-1}\boldsymbol{\beta} \\ \boldsymbol{0} & 1 \end{pmatrix};\ 且\begin{vmatrix} \boldsymbol{E}_{n-1} & \boldsymbol{0} \\ -\boldsymbol{\beta}^{\mathrm{T}}\boldsymbol{A}_{n-1}^{-1} & 1 \end{vmatrix}=1,$$

所以

$$\det \boldsymbol{A}=(a_{nn}-\boldsymbol{\beta}^{\mathrm{T}}\boldsymbol{A}_{n-1}^{-1}\boldsymbol{\beta})\det \boldsymbol{A}_{n-1}.$$

从而 $\boldsymbol{A}$ 正定. 又 $a_{nn}-\boldsymbol{\beta}^{\mathrm{T}}\boldsymbol{A}_{n-1}^{-1}\boldsymbol{\beta}\geqslant 0$; 则 $\boldsymbol{A}_{n-1}$ 正定, $\boldsymbol{A}_{n-1}^{-1}$ 也正定; 而 $\boldsymbol{\beta}^{\mathrm{T}}\boldsymbol{A}_{n-1}^{-1}\boldsymbol{\beta}\geqslant 0$, 当且仅当 $\boldsymbol{\beta}=0$, $\boldsymbol{\beta}^{\mathrm{T}}\boldsymbol{A}_{n-1}^{-1}\boldsymbol{\beta}=0$; 所以 $0\leqslant a_{nn}-\boldsymbol{\beta}^{\mathrm{T}}\boldsymbol{A}_{n-1}^{-1}\boldsymbol{\beta}\leqslant a_{nn}$, 故

$$\det \boldsymbol{A}\leqslant a_{nn}\det \boldsymbol{A}_{n-1}\leqslant a_{11}a_{22}\cdots a_{n-1n-1}a_{nn}.$$

当且仅当 $\boldsymbol{A}$ 为对角矩阵时, 等号成立.

例 8.3　设 $\boldsymbol{A}=(a_{ij})$ 为任意 n 阶实矩阵, 证明(阿达玛不等式):

$$(\det \boldsymbol{A})^2\leqslant\prod_{j=1}^{n}(a_{1j}^2+a_{2j}^2+\cdots+a_{nj}^2).$$

证明: $\det \boldsymbol{A}=0$ 结论成立; $\det \boldsymbol{A}\neq 0$ 时, $\boldsymbol{A}$ 可逆, $\boldsymbol{A}^{\mathrm{T}}\boldsymbol{A}=\boldsymbol{A}^{\mathrm{T}}\boldsymbol{E}\boldsymbol{A}$, $\boldsymbol{A}^{\mathrm{T}}\boldsymbol{A}$ 与 $\boldsymbol{E}$ 合同, 所以 $\boldsymbol{A}^{\mathrm{T}}\boldsymbol{A}$ 正定.

因为 $\boldsymbol{A}^{\mathrm{T}}\boldsymbol{A}$ 对角线元素分别为:

$$a_{11}^2+a_{21}^2+\cdots+a_{n1}^2,\ a_{12}^2+a_{22}^2+\cdots+a_{n2}^2,\ \cdots,\ a_{1n}^2+a_{2n}^2+\cdots+a_{nn}^2.$$

故 $\boldsymbol{A}^{\mathrm{T}}\boldsymbol{A}$ 的行列式小于等于对角线元素的积, 即

$$\det(\boldsymbol{A}^{\mathrm{T}}\boldsymbol{A})\leqslant\prod_{j=1}^{n}(a_{1j}^2+a_{2j}^2+\cdots+a_{nj}^2)$$

又 $\det(\boldsymbol{A}^{\mathrm{T}}\boldsymbol{A})=\det(\boldsymbol{A}^{\mathrm{T}})\det(\boldsymbol{A})=(\det \boldsymbol{A})^2$, 则

$$(\det\boldsymbol{A})^2\leqslant\prod_{j=1}^{n}(a_{1j}^2+a_{2j}^2+\cdots+a_{nj}^2).$$

例 8.4　(1) 设 $\boldsymbol{A}$ 为正定矩阵, $\boldsymbol{C}$ 是实对称矩阵, 证明存在可逆矩阵 $\boldsymbol{P}$ 使得 $\boldsymbol{P}^{-1}\boldsymbol{A}\boldsymbol{P}$, $\boldsymbol{P}^{-1}\boldsymbol{C}\boldsymbol{P}$ 同时为对角矩阵.

(2) 设 $\boldsymbol{A}$ 为正定矩阵, $\boldsymbol{B}$ 是实矩阵, 而 $\boldsymbol{AB}$ 是实对称的, 证明 $\boldsymbol{AB}$ 正定的充要条件是 $\boldsymbol{B}$ 的特征值全大于零.

证明: (1) 因为 $\boldsymbol{C}$ 是实对称矩阵, 则存在可逆矩阵 $\boldsymbol{Q}$ 使得 $\boldsymbol{Q}^{-1}\boldsymbol{C}\boldsymbol{Q}$ 为对角阵, 记

$$\boldsymbol{Q}^{-1}\boldsymbol{C}\boldsymbol{Q}=\boldsymbol{C}_1,\ \boldsymbol{Q}^{-1}\boldsymbol{A}\boldsymbol{Q}=\boldsymbol{A}_1.$$

由于 $\boldsymbol{A}$ 为正定矩阵，故 $\boldsymbol{A}_1$ 也为正定的，所以存在可逆矩阵 $\boldsymbol{S}$ 使得 $\boldsymbol{S}^{-1}\boldsymbol{A}_1\boldsymbol{S}$ 为对角阵. 而 $\boldsymbol{S}^{-1}\boldsymbol{C}_1\boldsymbol{S}$ 也是对角阵，令 $\boldsymbol{P}=\boldsymbol{QS}$，从而存在可逆矩阵 $\boldsymbol{P}$ 使得 $\boldsymbol{P}^{-1}\boldsymbol{AP}$，$\boldsymbol{P}^{-1}\boldsymbol{CP}$ 同时为对角矩阵.

(2) 充分性，由于 B 的特征值全大于零，$\boldsymbol{A}$ 为正定矩阵，由(1) 的结论，故存在可逆矩阵 $\boldsymbol{P}$ 使得

$$\boldsymbol{P}^{-1}\boldsymbol{AP}=\begin{pmatrix}\lambda_1 & & & \\ & \lambda_2 & & \\ & & \ddots & \\ & & & \lambda_n\end{pmatrix}，及\ \boldsymbol{P}^{-1}\boldsymbol{ABP}=\begin{pmatrix}\delta_1 & & & \\ & \delta_2 & & \\ & & \ddots & \\ & & & \delta_n\end{pmatrix}=\boldsymbol{P}^{-1}\boldsymbol{AP}\cdot\boldsymbol{P}^{-1}\boldsymbol{BP},$$

从而有

$$\boldsymbol{P}^{-1}\boldsymbol{BP}=\begin{pmatrix}\dfrac{\delta_1}{\lambda_1} & & & \\ & \dfrac{\delta_2}{\lambda_2} & & \\ & & \ddots & \\ & & & \dfrac{\delta_n}{\lambda_n}\end{pmatrix}.$$

因为 $\boldsymbol{B}$ 的特征值全大于零，则有 $\delta_i>0(i=1,2,\cdots,n)$，所以 $\boldsymbol{AB}$ 是正定的.

必要性，由(1) 的结论可知，存在可逆矩阵 $\boldsymbol{P}$ 使得 $\boldsymbol{P}^{-1}\boldsymbol{AP}$，$\boldsymbol{P}^{-1}\boldsymbol{CP}$ 同时为对角矩阵，即

$$\boldsymbol{P}^{-1}\boldsymbol{BP}=(\boldsymbol{P}^{-1}\boldsymbol{AP})^{-1}\boldsymbol{P}^{-1}\boldsymbol{ABP}$$

正定，从而 B 的特征值全大于零.

例 8.5　(中南大学，2009 年) 已知实二次型

$$f(x_1,x_2,x_3)=(1-a)x_1^2+(1-a)x_2^2+2x_3^2+2(1+a)x_1x_2$$

的秩为 2，试计算：

(1) 求 a 的值；

(2) 求正交变换 $\boldsymbol{X}=\boldsymbol{QY}$ 把 f 化为标准型；

(3) 求方程 $f(x_1,x_2,x_3)=0$ 的解.

解：(1) 记实二次型 f 的矩阵为 $\boldsymbol{A}=\begin{pmatrix}1-a & 1+a & 0\\ 1+a & 1-a & 0\\ 0 & 0 & 2\end{pmatrix}$，则由条件知 $r(\boldsymbol{A})=2$，从而

$$|\boldsymbol{A}|=2\begin{vmatrix}1-a & 1+a\\ 1+a & 1-a\end{vmatrix}=-8a=0,$$

故 $a=0$.

(2) 由(1) 知 $a=0$，则 $\boldsymbol{A}=\begin{pmatrix}1 & 1 & 0\\ 1 & 1 & 0\\ 0 & 0 & 2\end{pmatrix}$，其对应的特征方程为：

$$|\lambda\boldsymbol{E}-\boldsymbol{A}|=\begin{vmatrix}\lambda-1 & -1 & 0\\ -1 & \lambda-1 & 0\\ 0 & 0 & \lambda-2\end{vmatrix}=\lambda(\lambda-2)^2=0,$$

解得矩阵 $\boldsymbol{A}$ 的特征值为：$\lambda_1=0$，$\lambda_2=\lambda_3=2$.

矩阵 $\boldsymbol{A}$ 的属于特征值 $\lambda_1=0$ 的特征向量为 $\boldsymbol{\eta}_1=(1,\ -1,\ 0)'$；属于特征值 $\lambda_2=\lambda_3=2$ 的线性无关的特征向量为 $\boldsymbol{\eta}_2=(1,\ 1,\ 0)'$，$\boldsymbol{\eta}_3=(0,\ 0,\ 1)'$. 易知 $\boldsymbol{\eta}_1$，$\boldsymbol{\eta}_2$，$\boldsymbol{\eta}_3$ 两两正交，把它们单位化为：

$$\xi_1=\left(\frac{1}{\sqrt{2}},\ -\frac{1}{\sqrt{2}},\ 0\right)',\ \boldsymbol{\eta}_2=\left(\frac{1}{\sqrt{2}},\ \frac{1}{\sqrt{2}},\ 0\right)',\ \boldsymbol{\eta}_3=(0,\ 0,\ 1)'.$$

记 $\boldsymbol{B}=(\boldsymbol{\xi}_1,\boldsymbol{\xi}_2,\boldsymbol{\xi}_3)$，则矩阵 $\boldsymbol{B}$ 为正交矩阵，且二次型 $\boldsymbol{f}$ 通过正交变换 $\boldsymbol{x}=\boldsymbol{B}\boldsymbol{y}$ 可化为标准形：

$$f=\lambda_1y_1^2+\lambda_2y_2^2+\lambda_3y_3^2=2y_2^2+2y_3^2.$$

(3) 在正交变换 $\boldsymbol{x}=\boldsymbol{Q}\boldsymbol{y}$ 下，二次型 $f=0$ 等价为 $2y_2^2+2y_3^2=0$，解得 $y_2=y_3=0$，故通解 $\boldsymbol{x}=\boldsymbol{B}\boldsymbol{y}=(\boldsymbol{\xi}_1,\boldsymbol{\xi}_2,\boldsymbol{\xi}_3)(y_1,\ 0,\ 0)^{\mathrm{T}}=y_1\xi_1=k(0,\ 1,\ -1)^{\mathrm{T}}$，其中 k 为任意常数.

例 8.6 （中南大学，2013 年）设 $\boldsymbol{A}$ 为 n 阶实对称矩阵，$\boldsymbol{B}$ 为 n 阶实对称正定矩阵，记 $|\lambda\boldsymbol{B}-\boldsymbol{A}|=0$ 的 n 个根为 λ_1，λ_2，$\cdots$，λ_n，证明：

(1) λ_1，λ_2，$\cdots$，λ_n 都是实数；

(2) 存在 $\mathbf{R}^n$ 中的一组基 $\boldsymbol{x}_1$，$\boldsymbol{x}_2$，$\cdots$，$\boldsymbol{x}_n$ 使得对一切 $1\leqslant i,\ j\leqslant n$ 有：

$$\boldsymbol{A}\boldsymbol{x}_i=\lambda_i\boldsymbol{B}\boldsymbol{x}_i\ \text{及}\ \boldsymbol{x}_i^{\mathrm{T}}\boldsymbol{B}\boldsymbol{x}_j=\begin{cases}1, & i=j,\\0, & i\neq j.\end{cases}$$

(3) $\max\limits_{\substack{x\in\mathbf{R}^n\\x\neq 0}}\dfrac{\boldsymbol{x}^{\mathrm{T}}\boldsymbol{A}\boldsymbol{x}}{\boldsymbol{x}^{\mathrm{T}}\boldsymbol{B}\boldsymbol{x}}=\max\limits_{1\leqslant i\leqslant n}\lambda_i$ 且 $\min\limits_{\substack{x\in\mathbf{R}^n\\x\neq 0}}\dfrac{\boldsymbol{x}^{\mathrm{T}}\boldsymbol{A}\boldsymbol{x}}{\boldsymbol{x}^{\mathrm{T}}\boldsymbol{B}\boldsymbol{x}}=\min\limits_{1\leqslant i\leqslant n}\lambda_i$.

证明：(1) λ_i 是 $|\lambda\boldsymbol{B}-\boldsymbol{A}|=0$ 的根，方程 $(\lambda_i\boldsymbol{B}-\boldsymbol{A})\boldsymbol{X}=0$ 有非零解，设为 $\boldsymbol{y}_i$，

则 $\lambda_i\boldsymbol{B}\boldsymbol{y}_i=\boldsymbol{A}\boldsymbol{y}_i$. 又 $\boldsymbol{A}$ 为 n 阶实对称矩阵，$\boldsymbol{B}$ 为 n 阶实对称正定矩阵，所以

$$\lambda_i\boldsymbol{y}_i^{\mathrm{T}}\boldsymbol{B}=\boldsymbol{y}_i^{\mathrm{T}}\boldsymbol{A}\ \text{且}\ \overline{\lambda_i}\boldsymbol{B}\overline{\boldsymbol{y}_i}=\boldsymbol{A}\overline{\boldsymbol{y}_i}.$$

从而 $\lambda_i\boldsymbol{y}_i^{\mathrm{T}}\boldsymbol{B}\overline{\boldsymbol{y}_i}=\boldsymbol{y}_i^{\mathrm{T}}\boldsymbol{A}\overline{\boldsymbol{y}_i}$ 且 $\overline{\lambda_i}\boldsymbol{y}_i^{\mathrm{T}}\boldsymbol{B}\overline{\boldsymbol{y}_i}=\boldsymbol{y}_i^{\mathrm{T}}\boldsymbol{A}\overline{\boldsymbol{y}_i}$. 故

$$\lambda_i\boldsymbol{y}_i^{\mathrm{T}}\boldsymbol{B}\overline{\boldsymbol{y}_i}=\overline{\lambda_i}\boldsymbol{y}_i^{\mathrm{T}}\boldsymbol{B}\overline{\boldsymbol{y}_i}$$

设 $\boldsymbol{y}_i=\boldsymbol{\alpha}+i\boldsymbol{\beta}$，$\boldsymbol{\alpha}$，$\boldsymbol{\beta}$ 都是实向量，则

$\boldsymbol{y}_i^{\mathrm{T}}\boldsymbol{B}\ \overline{\boldsymbol{y}_i}=(\boldsymbol{\alpha}+i\boldsymbol{\beta})^{\mathrm{T}}\boldsymbol{B}\ \overline{(\boldsymbol{\alpha}+i\boldsymbol{\beta})}=(\boldsymbol{\alpha}^{\mathrm{T}}+i\boldsymbol{\beta}^{\mathrm{T}})\boldsymbol{B}(\boldsymbol{\alpha}-i\boldsymbol{\beta})=(\boldsymbol{\alpha}^{\mathrm{T}}\boldsymbol{B}\boldsymbol{\alpha}+\boldsymbol{\beta}^{\mathrm{T}}\boldsymbol{B}\boldsymbol{\beta})+i(-\boldsymbol{\alpha}^{\mathrm{T}}\boldsymbol{B}\boldsymbol{\beta}+\boldsymbol{\beta}^{\mathrm{T}}\boldsymbol{B}\boldsymbol{\alpha})$，$\boldsymbol{B}$ 为正定矩阵，则 $\boldsymbol{\alpha}^{\mathrm{T}}\boldsymbol{B}\boldsymbol{\alpha}+\boldsymbol{\beta}^{\mathrm{T}}\boldsymbol{B}\boldsymbol{\beta}>0$，从而 $\boldsymbol{y}_i^{\mathrm{T}}\boldsymbol{B}\overline{\boldsymbol{y}_i}\neq 0$. 故 $\lambda_i=\overline{\lambda_i}$，$\lambda_i$ 是实数；

(2) λ_i 是实数，$\boldsymbol{A}$，$\boldsymbol{B}$ 为实矩阵，方程 $(\lambda_i\boldsymbol{B}-\boldsymbol{A})\boldsymbol{X}=0$ 的非零解 $\boldsymbol{y}_i$ 也是实向量；

$\boldsymbol{B}$ 为正定矩阵，则 $\boldsymbol{y}_i^{\mathrm{T}}\boldsymbol{B}\boldsymbol{y}_i>0$，取 $a_i=\sqrt{\boldsymbol{y}_i^{\mathrm{T}}\boldsymbol{B}\boldsymbol{y}_i}$，$\lambda_i\boldsymbol{B}\boldsymbol{y}_i=\boldsymbol{A}\boldsymbol{y}_i$，则 $\dfrac{\boldsymbol{y}_i}{a_i}$ 也满足 $\lambda_i\boldsymbol{B}\dfrac{\boldsymbol{y}_i}{a_i}=\boldsymbol{A}\dfrac{\boldsymbol{y}_i}{a_i}$，$i=1,\ 2,\ \cdots,\ n$.

取 $\boldsymbol{x}_i=\dfrac{\boldsymbol{y}_i}{a_i}$，$i=1,\ 2,\ \cdots,\ n$，则：

$$\lambda_i\boldsymbol{B}\boldsymbol{x}_i=\boldsymbol{A}\boldsymbol{x}_i,\ \lambda_j\boldsymbol{B}\boldsymbol{x}_j=\boldsymbol{A}\boldsymbol{x}_j,\ \lambda_j\boldsymbol{x}_j^{\mathrm{T}}\boldsymbol{B}=\boldsymbol{x}_j^{\mathrm{T}}\boldsymbol{A},$$

从而

$$\lambda_i\boldsymbol{x}_j^{\mathrm{T}}\boldsymbol{B}\boldsymbol{x}_i=\boldsymbol{x}_j^{\mathrm{T}}\boldsymbol{A}\boldsymbol{x}_i=\lambda_j\boldsymbol{x}_j^{\mathrm{T}}\boldsymbol{B}\boldsymbol{x}_i,\ \lambda_i\neq\lambda_j,\ \boldsymbol{x}_j^{\mathrm{T}}\boldsymbol{B}\boldsymbol{x}_i=0;$$

以及

$$\boldsymbol{x}_i^{\mathrm{T}}\boldsymbol{B}\boldsymbol{x}_i=\frac{\boldsymbol{y}_i^{\mathrm{T}}}{a_i}\boldsymbol{B}\frac{\boldsymbol{y}_i}{a_i}=\frac{\boldsymbol{y}_i^{\mathrm{T}}\boldsymbol{B}\boldsymbol{y}_i}{a_i^2}=1.$$

即：

$$\boldsymbol{A}\boldsymbol{x}_i=\lambda_i\boldsymbol{B}\boldsymbol{x}_i \text{ 及 } \boldsymbol{x}_i^{\mathrm{T}}B\boldsymbol{x}_j=\begin{cases}1, & i=j\\0, & i\neq j\end{cases}$$

若 $t_1\boldsymbol{x}_1+t_2\boldsymbol{x}_2+\cdots+t_n\boldsymbol{x}_n=\boldsymbol{0}$，则：

$B(t_1\boldsymbol{x}_1+t_2\boldsymbol{x}_2+\cdots+t_n\boldsymbol{x}_n)=\boldsymbol{0}$，即 $t_1\boldsymbol{B}\boldsymbol{x}_1+t_2\boldsymbol{B}\boldsymbol{x}_2+\cdots+t_n\boldsymbol{B}\boldsymbol{x}_n=\boldsymbol{0}$.

那么 $t_1\boldsymbol{x}_i^{\mathrm{T}}\boldsymbol{B}\boldsymbol{x}_1+t_2\boldsymbol{x}_i^{\mathrm{T}}\boldsymbol{B}\boldsymbol{x}_2+\cdots+t_n\boldsymbol{x}_i^{\mathrm{T}}\boldsymbol{B}\boldsymbol{x}_n=\boldsymbol{0}$，有 $t_i=0$，$i=1,2,\cdots,n$. 则 $\boldsymbol{x}_1,\boldsymbol{x}_2,\cdots,\boldsymbol{x}_n$ 线性无关，故 $\boldsymbol{x}_1,\boldsymbol{x}_2,\cdots,\boldsymbol{x}_n$ 是 $\mathbf{R}^n$ 中的一组基.

(3) $\forall\boldsymbol{x}\in\mathbf{R}^n$，$\boldsymbol{x}=t_1\boldsymbol{x}_1+t_2\boldsymbol{x}_2+\cdots+t_n\boldsymbol{x}_n$，$\boldsymbol{x}^{\mathrm{T}}=t_1\boldsymbol{x}_1^{\mathrm{T}}+t_2\boldsymbol{x}_2^{\mathrm{T}}+\cdots+t_n\boldsymbol{x}_n^{\mathrm{T}}$

$\boldsymbol{A}\boldsymbol{x}=t_1\boldsymbol{A}\boldsymbol{x}_1+t_2\boldsymbol{A}\boldsymbol{x}_2+\cdots+t_n\boldsymbol{A}\boldsymbol{x}_n=\lambda_1t_1B\boldsymbol{x}_1+\lambda_2t_2B\boldsymbol{x}_2+\cdots+\lambda_nt_nB\boldsymbol{x}_n$

$$\begin{aligned}\boldsymbol{x}^{\mathrm{T}}\boldsymbol{A}\boldsymbol{x}&=(t_1\boldsymbol{x}_1^{\mathrm{T}}+t_2\boldsymbol{x}_2^{\mathrm{T}}+\cdots+t_n\boldsymbol{x}_n^{\mathrm{T}})(\lambda_1t_1B\boldsymbol{x}_1+\lambda_2t_2B\boldsymbol{x}_2+\cdots+\lambda_nt_nB\boldsymbol{x}_n)\\&=\lambda_1t_1^2\boldsymbol{x}_1^{\mathrm{T}}B\boldsymbol{x}_1+\lambda_2t_2^2\boldsymbol{x}_2^{\mathrm{T}}B\boldsymbol{x}_2+\cdots+\lambda_nt_n^2\boldsymbol{x}_n^{\mathrm{T}}B\boldsymbol{x}_n\\&=\lambda_1t_1^2+\lambda_2t_2^2+\cdots+\lambda_nt_n^2;\end{aligned}$$

由 $\min\limits_{1\leqslant i\leqslant n}\lambda_i(t_1^2+t_2^2+\cdots+t_n^2)\leqslant\lambda_1t_1^2+\lambda_2t_2^2+\cdots+\lambda_nt_n^2\leqslant\max\limits_{1\leqslant i\leqslant n}\lambda_i(t_1^2+t_2^2+\cdots+t_n^2)$

及 $\boldsymbol{x}^{\mathrm{T}}B\boldsymbol{x}=(t_1\boldsymbol{x}_1^{\mathrm{T}}+t_2\boldsymbol{x}_2^{\mathrm{T}}+\cdots+t_n\boldsymbol{x}_n^{\mathrm{T}})(t_1B\boldsymbol{x}_1+t_2B\boldsymbol{x}_2+\cdots+t_nB\boldsymbol{x}_n)$

$=t_1^2+t_2^2+\cdots+t_n^2$,

从而

$$\min_{1\leqslant i\leqslant n}\lambda_i\leqslant\frac{\boldsymbol{x}^{\mathrm{T}}\boldsymbol{A}\boldsymbol{x}}{\boldsymbol{x}^{\mathrm{T}}B\boldsymbol{x}}\leqslant\max_{1\leqslant i\leqslant n}\lambda_i$$

$$\boldsymbol{x}=\boldsymbol{x}_i,\ t_i=1,\ t_j=0(j\neq i),\ \frac{\boldsymbol{x}^{\mathrm{T}}\boldsymbol{A}\boldsymbol{x}}{\boldsymbol{x}^{\mathrm{T}}B\boldsymbol{x}}=\lambda_i$$

所以，$\max\limits_{\substack{\boldsymbol{x}\in\mathbf{R}^n\\ \boldsymbol{x}\neq\boldsymbol{0}}}\dfrac{\boldsymbol{x}^{\mathrm{T}}\boldsymbol{A}\boldsymbol{x}}{\boldsymbol{x}^{\mathrm{T}}B\boldsymbol{x}}=\max\limits_{1\leqslant i\leqslant n}\lambda_i$ 且 $\min\limits_{\substack{\boldsymbol{x}\in\mathbf{R}^n\\ \boldsymbol{x}\neq\boldsymbol{0}}}\dfrac{\boldsymbol{x}^{\mathrm{T}}\boldsymbol{A}\boldsymbol{x}}{\boldsymbol{x}^{\mathrm{T}}B\boldsymbol{x}}=\min\limits_{1\leqslant i\leqslant n}\lambda_i$.

例 8.7　设 $\boldsymbol{A}$ 为 n 阶实对称矩阵，$\boldsymbol{\beta}$ 为常向量，c 为常数. $\boldsymbol{D}=\begin{pmatrix}\boldsymbol{A} & \boldsymbol{\beta}\\ \boldsymbol{\beta}^{\mathrm{T}} & c\end{pmatrix}$.

$$f(\boldsymbol{x})=\boldsymbol{x}^{\mathrm{T}}\boldsymbol{A}\boldsymbol{x}+2\boldsymbol{\beta}^{\mathrm{T}}\boldsymbol{x}+c$$

(1) 证明：$\boldsymbol{A}$ 为负定时，f 有最大值，且 $f_{\max}=\dfrac{|\boldsymbol{D}|}{|\boldsymbol{A}|}$.

(2) $\boldsymbol{A}$ 为负定时，试确定当 $\boldsymbol{x}=(x_1,x_2,\cdots,x_n)^{\mathrm{T}}$ 为何值时，f 取得最大值.

解：(1) 因为

$$\begin{aligned}f(\boldsymbol{x})&=\boldsymbol{x}^{\mathrm{T}}\boldsymbol{A}\boldsymbol{x}+2\boldsymbol{\beta}^{\mathrm{T}}\boldsymbol{x}+c\\&=(\boldsymbol{x}^{\mathrm{T}}+\boldsymbol{\beta}^{\mathrm{T}}\boldsymbol{A}^{-1})\boldsymbol{A}(\boldsymbol{x}+\boldsymbol{A}^{-1}\boldsymbol{\beta})-\boldsymbol{x}^{\mathrm{T}}\boldsymbol{\beta}-\boldsymbol{\beta}^{\mathrm{T}}\boldsymbol{x}-\boldsymbol{\beta}^{\mathrm{T}}\boldsymbol{A}^{-1}\boldsymbol{\beta}+2\boldsymbol{\beta}^{\mathrm{T}}\boldsymbol{x}+c\end{aligned}$$

又 $\boldsymbol{A}$ 为负定矩阵，$(\boldsymbol{A}^{-1})^{\mathrm{T}}=(\boldsymbol{A}^{\mathrm{T}})^{-1}=\boldsymbol{A}^{-1}$，且 $\boldsymbol{\beta}^{\mathrm{T}}\boldsymbol{x}=\boldsymbol{x}^{\mathrm{T}}\boldsymbol{\beta}$，则

$$f(\boldsymbol{x})=(\boldsymbol{x}+\boldsymbol{A}^{-1}\boldsymbol{\beta})^{\mathrm{T}}\boldsymbol{A}(\boldsymbol{x}+\boldsymbol{A}^{-1}\boldsymbol{\beta})-\boldsymbol{\beta}^{\mathrm{T}}\boldsymbol{A}^{-1}\boldsymbol{\beta}+c$$

又 $\boldsymbol{A}$ 为负定矩阵，$(\boldsymbol{x}+\boldsymbol{A}^{-1}\boldsymbol{\beta})^{\mathrm{T}}\boldsymbol{A}(\boldsymbol{x}+\boldsymbol{A}^{-1}\boldsymbol{\beta})\leqslant 0$，故

$$f(\boldsymbol{x})=(\boldsymbol{x}+\boldsymbol{A}^{-1}\boldsymbol{\beta})^{\mathrm{T}}\boldsymbol{A}(\boldsymbol{x}+\boldsymbol{A}^{-1}\boldsymbol{\beta})-\boldsymbol{\beta}^{\mathrm{T}}\boldsymbol{A}^{-1}\boldsymbol{\beta}+c\leqslant c-\boldsymbol{\beta}^{\mathrm{T}}\boldsymbol{A}^{-1}\boldsymbol{\beta}$$

且 $\boldsymbol{x}+\boldsymbol{A}^{-1}\boldsymbol{\beta}=0$, $f(\boldsymbol{x})=c-\boldsymbol{\beta}^{\mathrm{T}}\boldsymbol{A}^{-1}\boldsymbol{\beta}$.

又 $D=\begin{pmatrix}\boldsymbol{A} & \boldsymbol{\beta}\\ \boldsymbol{\beta}^{\mathrm{T}} & c\end{pmatrix}$, 而

$$\begin{pmatrix}\boldsymbol{E} & 0\\ -\boldsymbol{\beta}^{\mathrm{T}}\boldsymbol{A}^{-1} & 1\end{pmatrix}\begin{pmatrix}\boldsymbol{A} & \boldsymbol{\beta}\\ \boldsymbol{\beta}^{\mathrm{T}} & c\end{pmatrix}\begin{pmatrix}\boldsymbol{E} & -\boldsymbol{A}^{-1}\boldsymbol{\beta}\\ 0 & 1\end{pmatrix}=\begin{pmatrix}\boldsymbol{A} & 0\\ 0 & c-\boldsymbol{\beta}^{\mathrm{T}}\boldsymbol{A}^{-1}\boldsymbol{\beta}\end{pmatrix}$$

$$\begin{pmatrix}\boldsymbol{E} & 0\\ -\boldsymbol{\beta}^{\mathrm{T}}\boldsymbol{A}^{-1} & 1\end{pmatrix}^{\mathrm{T}}=\begin{pmatrix}\boldsymbol{E} & -\boldsymbol{A}^{-1}\boldsymbol{\beta}\\ 0 & 1\end{pmatrix},\quad \begin{vmatrix}\boldsymbol{E} & 0\\ -\boldsymbol{\beta}^{\mathrm{T}}\boldsymbol{A}^{-1} & 1\end{vmatrix}=1.$$

则 $|\boldsymbol{D}|=(c-\boldsymbol{\beta}^{\mathrm{T}}\boldsymbol{A}^{-1}\boldsymbol{\beta})\,|\boldsymbol{A}|$, 从而 $f_{\max}=\dfrac{|\boldsymbol{D}|}{|\boldsymbol{A}|}$.

(2) $\boldsymbol{A}$ 为负定时, 由(1) 证明可得: 当 $\boldsymbol{x}=(x_1, x_2, \cdots, x_n)^{\mathrm{T}}=-\boldsymbol{A}^{-1}\boldsymbol{\beta}$ 时, f 取得最大值.

同步练习 8

1. (湖南师范大学, 2012 年) 设矩阵 $\boldsymbol{A}$ 满足: $\boldsymbol{A}+\boldsymbol{A}^{\mathrm{T}}=\boldsymbol{J}-\boldsymbol{E}$, 其中 $\boldsymbol{J}$ 为元素全为 1 的 n 阶矩阵, E 为 n 阶单位矩阵.

   (1) 对任意复向量 $\boldsymbol{\alpha}$, 证明: $0\leqslant\overline{\boldsymbol{\alpha}}^{\mathrm{T}}\boldsymbol{J}\boldsymbol{\alpha}\leqslant n\overline{\boldsymbol{\alpha}}^{\mathrm{T}}\boldsymbol{\alpha}$;

   (2) 证明: $\boldsymbol{A}$ 的任一特征值的实部在 $-\dfrac{1}{2}$ 和 $\dfrac{n-1}{2}$ 之间.

2. (湖南大学, 2007 年) 设 $\boldsymbol{A}$ 为 n 阶实对称矩阵, $\boldsymbol{\beta}$ 为常向量, 分别在下列三种情况下讨论函数: $f(\boldsymbol{x})=\boldsymbol{x}^{\mathrm{T}}\boldsymbol{A}\boldsymbol{x}+2\boldsymbol{\beta}^{\mathrm{T}}\boldsymbol{x}$ 的最大值和最小值.

   (1) $\boldsymbol{A}$ 为正定矩阵; (2) $\boldsymbol{A}$ 为负定矩阵; (3) $\boldsymbol{A}$ 为不定矩阵.

3. (湖南大学, 2017 年) 设 $\boldsymbol{A}$ 为实对称正定矩阵, $\boldsymbol{B}$ 为实对称矩阵, $\boldsymbol{P}^{\mathrm{T}}$ 表示矩阵的转置, 证明:

   (1) 存在可逆矩阵 $\boldsymbol{P}$, 使得 $\boldsymbol{P}^{\mathrm{T}}(\boldsymbol{A}+\boldsymbol{B})\boldsymbol{P}$ 为对角矩阵;

   (2) 若 $\boldsymbol{B}$ 也是正定的, 则 $\dfrac{1}{2}(\boldsymbol{A}+\boldsymbol{B})-2(\boldsymbol{A}^{-1}+\boldsymbol{B}^{-1})^{-1}$ 为半正定矩阵.

4. (湖南大学, 2017 年) 设 $\boldsymbol{A}$ 为 n 阶实对称矩阵,

   $$S_{\boldsymbol{A}}=\{\boldsymbol{x}\in\mathbf{R}^n: \boldsymbol{x}^{\mathrm{T}}\boldsymbol{A}\boldsymbol{x}=\boldsymbol{0}\},$$

   这里 $\boldsymbol{x}^{\mathrm{T}}$ 表示 $\boldsymbol{x}$ 的转置向量, $\boldsymbol{B}^{\mathrm{T}}$ 表示矩阵的转置, 证明:

   (1) 若 $\boldsymbol{A}$ 为半正定矩阵, 则存在 n 阶实方阵 $\boldsymbol{B}$, 使得 $\boldsymbol{A}=\boldsymbol{B}^{\mathrm{T}}\boldsymbol{B}$;

   (2) $S_{\boldsymbol{A}}$ 为 R^n 的线性子空间的充要条件是 $\boldsymbol{A}$ 为半正定或半负正定矩阵.

5. (湖南大学, 2013 年) 用正交线性替换化二次型

   $$f(x)=-x_1^2+2x_2^2+2x_3^2+4x_1x_2-4x_1x_3-8x_2x_3$$

   为标准型, 求出相应的正交变换矩阵 T. (请给出必要的计算步骤)

6. (湖南大学, 2011 年) 设 $\boldsymbol{A}$ 为 n 阶实对称矩阵, $\boldsymbol{b}=(b_1, b_2, \cdots, b_n)'$ 为 n 维实的列向量, 证明:

   (1) 若 $\boldsymbol{A}>0$, 则 $\boldsymbol{A}^{-1}>0$, 这里 $\boldsymbol{A}>0$ 表示 $\boldsymbol{A}$ 为正定矩阵;

   (2) 若 $\boldsymbol{A}-\boldsymbol{b}\boldsymbol{b}'>0$, 则 $\boldsymbol{A}>0$ 且 $\boldsymbol{b}'\boldsymbol{A}^{-1}\boldsymbol{b}<1$.

7. (湖南大学, 2013 年) 设 $\boldsymbol{A}$ 为 n 阶实对称正定矩阵, $\boldsymbol{B}$ 为 $n\times m$ 阶实矩阵, 令 $M=\begin{pmatrix}\boldsymbol{A} & \boldsymbol{B}\\ \boldsymbol{B}^{\mathrm{T}} & 0\end{pmatrix}$,

证明：若 $\boldsymbol{B}$ 为列满秩矩阵，则二次型 $f(x)=\boldsymbol{X}^{\mathrm{T}}\boldsymbol{A}\boldsymbol{X}$ 的正负惯性指数分别为 n 和 m.

8.（湖南大学，2012 年）设 $\boldsymbol{A}$ 为 n 阶实对称矩阵，其特征值满足 $\lambda_1\leqslant\lambda_2\leqslant\cdots\leqslant\lambda_n$，证明：

（1）对任意非零实向量 $\boldsymbol{x}\in\mathbf{R}^n$，均有 $\lambda\leqslant\dfrac{\boldsymbol{x}'\boldsymbol{A}\boldsymbol{x}}{\boldsymbol{x}'\boldsymbol{x}}\leqslant\lambda_n$；

（2）设 $\boldsymbol{B}$ 为 n 阶实对称正定矩阵，则 $\lambda=\min\limits_{\lambda\in\mathbf{R}^n}\dfrac{\boldsymbol{x}'\boldsymbol{A}\boldsymbol{x}}{\boldsymbol{x}'\boldsymbol{B}\boldsymbol{x}}$，其中 λ 为矩阵 $\boldsymbol{A}\boldsymbol{B}^{-1}$ 的最小特征值.

9.（湖南大学，2012 年）设 $\boldsymbol{A}=\begin{pmatrix}1&-1&0\\-1&2&0\\0&0&1\end{pmatrix}$，$\boldsymbol{B}=\begin{pmatrix}1&0&1\\0&0&0\\1&0&1\end{pmatrix}$，求可逆矩阵 $\boldsymbol{T}$ 使得 $\boldsymbol{T}'\boldsymbol{A}\boldsymbol{T}$ 和 $\boldsymbol{T}'\boldsymbol{B}\boldsymbol{T}$ 同时为对角矩阵.

10.（湖南大学，2011 年）试确定正交矩阵 $\boldsymbol{T}$，使得 $\boldsymbol{T}'\boldsymbol{A}^{-1}\boldsymbol{T}$ 为对角矩阵，其中

$$\boldsymbol{A}=\begin{pmatrix}1&-1&-1\\-1&1&-1\\-1&-1&1\end{pmatrix}.$$

11.（湖南大学，2009 年）设 $x_1^2+x_2^2+\cdots+x_n^2=1$，证明二次型：

$$f(x_1,x_2,\cdots,x_n)=\boldsymbol{x}'\boldsymbol{A}\boldsymbol{x}$$

的最小值为矩阵 $\boldsymbol{A}$ 的最小特征值.

12.（湖南大学，2014 年）设 $\boldsymbol{A}$ 为 m 阶实对称正定矩阵，$\boldsymbol{B}$ 为 $m\times n$ 实矩阵，试证 $\boldsymbol{B}'\boldsymbol{A}\boldsymbol{B}$ 为正定矩阵的充分必要条件是 $r(\boldsymbol{B})=n$.

13.（中南大学，2014 年）设 $\boldsymbol{A}$ 为 3 阶实对称矩阵，$\boldsymbol{A}^*$ 为 $\boldsymbol{A}$ 的伴随矩阵. 若 $|\boldsymbol{A}|=12$，$\boldsymbol{A}$ 的特征值的和为 1，且 $(1,0,-2)^{\mathrm{T}}$ 为 $(\boldsymbol{A}^*-4\boldsymbol{E})\boldsymbol{x}=0$ 的一个解，其中 $\boldsymbol{E}$ 为单位矩阵.

（1）求矩阵 $\boldsymbol{A}$.

（2）求一正交变换 $\boldsymbol{X}=\boldsymbol{Q}\boldsymbol{Y}$，使得二次型 $\boldsymbol{X}'\boldsymbol{A}\boldsymbol{X}$ 化为标准型.

14.（中南大学，2016 年）设 $\boldsymbol{\alpha},\boldsymbol{\beta}\in\mathbf{R}^n$，$\boldsymbol{A}\in\mathbf{R}^{n\times n}$，定义 $(\boldsymbol{\alpha},\boldsymbol{\beta})=\boldsymbol{\alpha}'\boldsymbol{A}\boldsymbol{\beta}$

（1）证明：$\boldsymbol{\alpha},\boldsymbol{\beta}$ 是 $\mathbf{R}^n$ 的内积的充要条件是 $\boldsymbol{A}$ 为正定矩阵

（2）当 $n=2$，$\boldsymbol{A}=\begin{pmatrix}1&1\\1&2\end{pmatrix}$，$\boldsymbol{\alpha}=\begin{pmatrix}1\\0\end{pmatrix}$，$\boldsymbol{\beta}=\begin{pmatrix}0\\1\end{pmatrix}$ 时，求 $\boldsymbol{\alpha}$ 与 $\boldsymbol{\beta}$ 的夹角.

15.（湖南师范大学，2009 年）设二次型 $f(x_1,x_2)=ax_1^2+2bx_1x_2+cx_2^2$，求二次型

$$g(x_1,x_2)=\begin{vmatrix}0&x_1&x_2\\-x_1&a&b\\-x_2&b&c\end{vmatrix}$$

的矩阵，并证明 $f(x_1,x_2)$ 是正定的当且仅当 $g(x_1,x_2)$ 是正定的.

16.（湖南师范大学，2009 年）设 $\boldsymbol{A}=(a_{ij})_{n\times n}$ 是实对称矩阵，证明：二次型

$$f(x_1,x_2,\cdots,x_n)=\begin{vmatrix}0&x_1&x_2&\cdots&x_n\\x_1&a_{11}&a_{12}&\cdots&a_{1n}\\x_2&a_{21}&a_{22}&\cdots&a_{2n}\\\vdots&\vdots&\vdots&&\vdots\\x_n&a_{n1}&a_{n2}&\cdots&a_{nn}\end{vmatrix}$$

的矩阵是 $\boldsymbol{A}$ 的伴随矩阵 $\boldsymbol{A}^*$.

17. (湖南师范大学, 2013 年) 设 $n(n \geqslant 3)$ 元实二次型:

$$f(x_1, x_2, \cdots, x_n) = x_1x_2 + x_1x_3 + \cdots + x_1x_n + x_2x_3.$$

(1) 当 $n = 3$ 时, 用非退化线性替换化 $f(x_1, x_2, \cdots, x_n)$ 为规范形;

(2) 当 $n > 3$ 时, 用非退化线性替换化 $f(x_1, x_2, \cdots, x_n)$ 为规范形.

18. (湖南师范大学, 2016 年) 已知实二次型

$$f(x_1, x_2, x_3) = (1 + t)x_1^2 + 2x_2^2 + (1 + t)x_3^2 + 2(1 - t)x_1x_3$$

的秩为 2.

(1) 求 t 的值;

(2) 求正交线性替换, 使二次型 $f(x_1, x_2, x_3)$ 为标准型.

19. (湖南师范大学, 2019 年) 求二次型

$$f(x_1, x_2, \cdots, x_n) = (n - 1)\sum_{i=1}^{n} x_i^2 - 2\sum_{1 \leqslant i \leqslant j \leqslant n} x_ix_j$$

的符号差.

20. 设实二次型 $f(x_1, x_2, x_3) = ax_1^2 + 2x_2^2 - 2x_3^2 + 2bx_1x_3(b > 0)$, 它的矩阵 $\boldsymbol{A}$ 的特征值之和为 1, 特征值之积为 -12.

(1) 求 a, b 的值;

(2) 利用正交线性变换将实二次型 f 化为标准形, 并写出所用的正交线性变换和对应的正交矩阵.

21. (湖南师范大学, 2011 年) 用正交线性变换化下列二次型为标准型:

$$f(x_1, x_2, x_3) = 2x_1^2 + 5x_2^2 + 5x_3^2 + 4x_1x_2 - 4x_1x_3 - 8x_2x_3.$$

参考文献

[1] 张禾瑞, 郝炳新. 高等代数(4 版)[M]. 北京: 高等教育出版社, 1999.
[2] 北京大学数学系几何与代数教研室前代数小组. 高等代数[M] (4 版). 北京: 高等教育出版社, 2013.
[3] 杨子婿. 高等代数习题解(修订版) [M]. 济南: 山东科学技术出版社, 2003.
[4] 张丽华, 姚波, 黄影. 高等代数选讲 [M]. 北京: 科学出版社, 2018.
[5] 陈福来, 唐曾林. 高等代数考研选讲 (4 版)[M]. 北京: 国防工业出版社, 2015.
[6] 刘丽. 高等代数选讲 [M]. 重庆: 重庆大学出版社, 2017.
[7] 刘洪星. 考研高等代数辅导: 精选名校真题 [M]. 北京: 机械工业出版社, 2013.

图书在版编目(CIP)数据

高等代数选讲/赵育林,唐亮,张海湘主编. —长沙:中南大学出版社,2021.10(2025.2 重印)

ISBN 978-7-5487-4660-7

Ⅰ.①高… Ⅱ.①赵… ②唐… ③张… Ⅲ.①高等代数—高等学校—教材 Ⅳ.①O15

中国版本图书馆 CIP 数据核字(2021)第 189622 号

高等代数选讲

GAODENG DAISHU XUANJIANG

赵育林　唐　亮　张海湘　主编

□**出 版 人**　林绵优
□**责任编辑**　谢贵良
□**责任印制**　唐　曦
□**出版发行**　中南大学出版社
社址:长沙市麓山南路　邮编:410083
发行科电话:0731-88876770　传真:0731-88710482
□**印　　装**　湖南省汇昌印务有限公司

□**开　　本**　787 mm×1092 mm　1/16　□**印张** 7　□**字数** 176 千字
□**版　　次**　2021 年 10 月第 1 版　□**印次** 2025 年 2 月第 3 次印刷
□**书　　号**　ISBN 978-7-5487-4660-7
□**定　　价**　39.00 元